Nicolo Barrucco

Die sexuelle Neurasthenie

Und ihre Beziehung zu den Krankheiten der Geschlechtsorgane

Nicolo Barrucco

Die sexuelle Neurasthenie
Und ihre Beziehung zu den Krankheiten der Geschlechtsorgane

ISBN/EAN: 9783743318724

Hergestellt in Europa, USA, Kanada, Australien, Japan

Cover: Foto ©berggeist007 / pixelio.de

Manufactured and distributed by brebook publishing software
(www.brebook.com)

Nicolo Barrucco

Die sexuelle Neurasthenie

Die
Sexuelle Neurasthenie

und ihre Beziehung zu den

Krankheiten der Geschlechtsorgane

von

Prof. Dr. Nicolo Barrucco,

Privatdozent für Dermosiphilopathie in Bologna und Prof. an der K. Universität Neapel.

Nach der 3. Auflage

aus dem Italienischen übersetzt

von

Dr. Ralf Wichmann,

Nervenarzt in Wiesbaden.

Berlin W. 30.

Verlag von Otto Salle.

1899.

Vorwort.

Das Werk: „Della neurastenia sessuale cause effetti e terapia con numerose osservazioni ed applicazioni originali in rapporto spezialmente alle malattie degli organi generativi," wie der Gesammttitel heisst, aus der Feder des bekannten Professors und Privatdozenten für Dermosiphilopathie in Bologna, Nicolo Barrucco, des Autors einer grossen Menge werthvoller Spezialarbeiten auf diesem Gebiete der Medizin, hat in Italien in kurzer Zeit 3 Auflagen erlebt. Der Autor behandelt in ihm die sexuelle Neurasthenie, soweit sie in Folge von Erkrankungen der Sexualorgane auftritt, bekanntlich ein sehr häufiges, wenn auch nicht das alleinige ursächliche Moment der sexuellen Neurasthenie. Bei der Wichtigkeit des Gegenstandes, der Vortrefflichkeit und Gründlichkeit der Barrucco'schen Arbeit, und da in Deutschland bis jetzt ein ähnliches Werk nicht vorliegt, glaubt der Uebersetzer seinen Kollegen — und nur für Aerzte ist das Buch geschrieben — einen Dienst zu erweisen, indem er ihnen eine deutsche Ausgabe des Barrucco'schen Buches bot, wozu ihn letzterer ermächtigte.

Der Uebersetzer.

Inhaltsverzeichniss.

Ueber sexuelle Neurasthenie im Allgemeinen.

Ein aufmerksamer Beobachter, der viele und verschiedene Formen venerischer Krankheiten zu untersuchen Gelegenheit hat, wird nicht selten Kranken begegnen, die deutliche Zeichen eines gestörten Nervensystems im Allgemeinen darbieten und zugleich auch Schwächeerscheinungen des Urogenitalnervensystems im Besondern. Diese Kranken leiden entweder an gonorrhoischer Harnröhrenentzündung im chronischen oder im latenten Stadium mit alleiniger Affektion des prostatischen Theiles der Harnröhre oder sie leiden an veralteter Harnröhrenstriktur oder an Phimosis, Affectionen, die sie angeblich lange Zeit vernachlässigt haben, obgleich sie nicht, oder doch nur schlecht davon geheilt waren. Sie konsultiren nun den Arzt nicht wegen ihrer Harnröhrenentzündung oder Verengerung, deren Bestehen ihnen ziemlich gleichgültig ist, auch nicht wegen ihrer subjektiven Beschwerden oder hochgradigen funktionellen Belästigungen, sondern wegen ganz anderer und vielmehr objektiver Störungen. Diese letzteren sind lokaler und allgemeiner Natur. Zu den lokalen gehören: Prostatorrhoe, Spermatorrhoe, Druckgefühl auf dem Damm, Bedürfniss häufiger zu uriniren als sonst und oft das Gefühl von Brennen nach dem Uriniren, unvollständige Erektionen, manchmal Impotenz, vorzeitige Samen-Ejakulation, Empfindung von Stechen oder Schmerz bei der Samenentleerung, Schmerzhaftigkeit der Hoden und Schmerz in der Gegend des Lendenmarks. Als allgemeine Störungen sind zu nennen Unruhe, Schlaflosigkeit, allgemeine Schwäche, Dyspepsie, Kopfschmerz, Schwindel, Herzklopfen, Reizbarkeit der Augen, Gedächtnissschwäche, verschiedene krankhafte Angstzustände u. s. w. Diese Störungen entwickeln sich entweder nach und nach, oder sie treten auch gleichzeitig mit lokalen Störungen auf und sind oftmals viel wichtiger als diese.

Der Arzt, welcher solche Kranke behandeln muss, wird nun bei aufmerksamer Untersuchung stets eine Wechsel-Beziehung zwischen der früher überstandenen Affektion der Harnröhre und den gegenwärtigen funktionellen Störungen nachweisen können. Er wird sogar immer das Bestehen einer chronischen Urethritis posterior, einer Entzündung der Vorsteherdrüse, einer Harnröhrenstriktur oder beim Weibe eine Gebärmutteraffektion oder einen andern erworbenen oder angeborenen pathologischen Zustand der Geschlechtsorgane nachweisen können, trotzdem dass subjektive Symptome derselben fehlen. Daraus wird er schliessen, dass alle die functionellen Störungen des Urogenitalapparats, welche den Kranken quälen, alle die nervösen Symptome der andern Organe und edlern Theile, welche das Leben dieser Kranken so heftig störend beeinflussen, eng mit einander zusammenhängen, und thatsächlich in Abhängigkeit stehen von Lokalaffektionen der Genitalorgane, bei dem Mann hauptsächlich von solchen der Prostata, beim Weibe von Affektionen der Gebärmutter.

Dieser Komplex von pathologisch-anatomischen Affektionen und funktionellen lokalen Störungen des Genitalapparates, welche zusammen das ganze Cerebro-spinal-Nervensystem stören und aus seinem Gleichgewicht bringen, bildet einen Symptomenbegriff, in dem vor allem der Zustand der nervösen sexuellen Erschöpfung ins Auge springt. Er ist ein ganz besonderes Krankheitsbild sui generis, welches mit dem Namen sexuelle Neurasthenie bezeichnet wird.

Diese klinisch besondere, sehr wichtige und häufige Form der Neurasthenie gehörte eigentlich in das Fach des Spezialarztes für Geschlechtskrankheiten, wenn man bedenkt, dass alle die funktionellen Beschwerden und Störungen des Nervensystems, welche eben jenes Krankheitsbild zusammensetzen, thatsächlich von organischen Affektionen der Urethra resp. der Prostata oder des Uterus beim Weibe abhängen, und zwar besonders solchen, die durch frühere oder gleichzeitige gonorrhoische Prozesse bedingt wurden; ferner wenn man bedenkt, dass diese rein reflektorischen Symptome sich nicht genügend erklären lassen, falls man sie nicht auf lokale Erkrankungen meistens venerischen Ursprungs bezieht, und wenn die klinische Erfahrung lehrt, dass ein solcher Krankheitsprozess nur geheilt werden kann durch eine radikale und vernünftige Heilmethode, die sich vornehmlich gegen die lokalen Affectionen richtet.

Die sexuelle Neurasthenie bildet natürlich einen Zweig der Lehre von den Geschlechtskrankheiten. Das Schwindelgefühl, welches bei ihr vorkommen kann, die Abnahme der Sehschärfe und des Gehörs, die Verminderung der geschlechtlichen Leistungsfähigkeit, der Verlust und die Veränderung des Wollustgefühls, der Kopfschmerz, die Schlaflosigkeit, die Gedächtnissschwäche und so viele andere nervöse Symptome reflektorischen Ursprungs, die sozusagen fast von jeder Körperregion und von jedem Organsystem ausgehen, werden vom Augenarzt, Ohrenarzt, Nervenarzt, Psychologen oder internen Kliniker stets einfach als Reflexsymptome aufgefasst. Man betrachtet diese Symptome als abhängig von der lokalen Affektion, die sich an einer ganz andern Körperstelle befinden und von ganz andrer Beschaffenheit sein kann, obgleich manchmal das Symptom selbst mit sehr grosser Stärke und Heftigkeit auftritt, die Aufmerksamkeit des Kranken ganz für sich in Anspruch nimmt, als eine besondere eigene Krankheit in Erscheinung tritt und für sich allein in dem ganzen Organismus grössere Störungen hervorzubringen pflegt als jene Affektion, z. B. der Prostata, selbst, die ihm zu Grunde liegt.

Die sexuelle Neurasthenie ist als Krankheit sui generis erst vor wenig Jahren fest aufgestellt. Sie ist noch immer ziemlich wenig bekannt und beachtet. Und erst ganz kürzlich hat das Studium dieser Krankheit grössere Wichtigkeit dadurch erreicht, dass sich nach den grossen Fortschritten der Lehre von den Geschlechtskrankheiten für die Aetiologie und Pathologie der sexuellen Neurasthenie ein bedeutendes Arbeitsfeld eröffnete. Jetzt ist die Anwendung einer rationellen lokalen und kausalen Therapie ein wesentlicher Bestandteil der Therapie überhaupt geworden. Er hat früher nicht erwartete glänzende Resultate bei der Bekämpfung dieser schrecklichen und hartnäckigen Affektionen gezeitigt.

Obgleich die sexuelle Neurasthenie sich manchmal als Ursache, manchmal als Folge oder als Komplikation andrer Formen von Neurasthenie erweisen kann, muss man sie doch vollständig davon unterscheiden. Ebenso muss sie auch von der Hysterie, der Hypochondrie und andern Nerven-Krankheiten unterschieden werden, mit denen man sie vereinigt finden kann. Aber unsere heutige so genaue und präzise Differentialdiagnose ist erst seit wenigen Jahren möglich. Diese Krankheiten wurden früher

1*

zusammengeworfen und ziemlich häufig mit andern Neurasthenieformen und sonstigen Neurosen, besonders mit Hysterie und
Hypochondrie verwechselt. Man verdankt allein dem Studium
und der genaueren Kenntniss der Pathologie der Harnröhre und
den Fortschritten der objektiven Untersuchungsmethode und Ver-
vollkommnung einer rationellen lokalen Therapie, dass man zum
Verständniss des Wesens einer wahren sexuellen Neurasthenie
gelangt ist.

Diese Fortschritte in unseren wissenschaftlichen Kenntnissen
datiren etwa seit dem Jahre 1881. Sie sind das Ergebniss der
Forschungen hervorragender Kliniker und Neuropathologen, die
sich mit diesen Dingen beschäftigt haben.

Auf rationellen Grundsätzen, auf Anatomie, Physiologie und
Pathologie der Geschlechtsorgane begründet stellt sich die sexuelle
Neurasthenie nun nicht mehr als eine unklare, unbestimmte
Krankheitsform oder als eine Nervenkrankheit mit unbekanntem
Wesen und fremdem Namen dar, der etwa nur dazu dient unsere
Unkenntniss oder mangelhaftes Wissen zu verdecken. Durch
unsere heutigen Kenntnisse so vieler Thatsachen, die wir den
fleissigen und zahlreichen Untersuchungen vieler Spezialisten
verdanken, von denen jeder in seinem Gebiet nützliche Beiträge
geliefert hat, und, welche sich besonders auf die Harnröhre,
Prostata, Uterus und äussern weiblichen Geschlechtsorgane, auf
Harnblase und Urinabsonderung u. s. w. erstreckt haben, sind
wir zu Ergebnissen gekommen, welche bei dieser Krankheit von
grösstem wissenschaftlichen und praktischen Interesse sind. So
war es wichtig, bestimmt festzustellen, in wie weit die Prostata
beim Mann und der Uterus beim Weibe in hervorragender Weise
von solchen lokalen pathologischen Prozessen betroffen werden,
welche die Ursache für diese Form der Neurasthenie bilden.
Ebenso hatte es praktisches Interesse zu wissen, inwieweit die
Ergebnisse einer lokalen Radikalbehandlung nur weiter ver-
zögernd wirken können, bei dem Bestreben beschwerliche und
selbst anscheinend vorwiegende Reflexsymptome von verschieden-
artigem Sitz, Zahl und Charakter zu bekämpfen.

Heute ist nun festgestellt, dass beim Mann die Prostata das-
jenige Organ ist, welches bei der sexuellen Neurasthenie am
meisten betroffen ist. Ferner, dass die echte Spermatorrhoe, die
Vermehrung der harnsauren, phosphorsauren und oxalsauren

Salze im Urin, die Abnahme der geschlechtlichen Leistungsfähigkeit und schliesslich die Impotenz, Folgen von Affektionen
der Prostata sind. Ebenso wissen wir jetzt, dass Hyperästhesie
der Hoden und der Lendenwirbel, Dyspepsie, Kopfschmerz,
Schwindel, Lichtscheu, Ohrensausen, Gedächtnissschwäche, krankhafte Angstzustände und noch viele andere nervöse Symptome
lauter Reflexsymptome sind, welche von Erkrankungen der Harnröhre herrühren können, besonders von chronischen Krankheitszuständen in der Prostata, wodurch sich in diesem Organ ein
eigenartiger nervöser Zustand entwickelt hat, den man mit dem
Namen „Reizbare Prostata" bezeichnet.

Wenn vor 20 Jahren eine Frau an Kreuzschmerz, Urin-
beschwerden, abnormen Empfindungen, stechenden Schmerzen in
verschiedenen Körpertheilen, Schlaflosigkeit, Unvermögen ihre
gewohnten Beschäftigungen zu versehen etc. litt, so wurde vom
Arzt ganz gewiss die Diagnose auf Hysterie gestellt. Bei dem
Mann indessen schloss man aus den Symptomen der psychischen
Depression, aus der krankhaften Furcht in ihrem so verschiedenen
Auftreten, aus der abnormen Schweissabsonderung, der nervösen
Dyspepsie, dem Herzklopfen, der geistigen Trägheit, der Ge-
dächtnissschwäche, der Empfindlichkeit und Schmerzhaftigkeit bei
Druck in den verschiedenen Körpertheilen etc. als aus lauter
dafür charakteristischen Kennzeichen: auf Hypochondrie.

Wenn wir aber heute eine solche als hysterisch erklärte Frau
genau untersuchen, so finden wir noch viele andere subjektive,
objektive und funktionelle Reflexstörungen im Bereich ihres
Sexualapparates. So finden wir bei einer gynäkologischen Untersuchung pathologische Veränderungen in den Geschlechtsorganen,
wie Kongestion, Verlagerung des Uterus, Prolaps, eitrigen Katarrh,
Erosion oder eine Eierstockserkrankung. In derselben Weise zeigt
uns eine sorgfältige Untersuchung bei einem für hypochondrisch
gehaltenen Mann, dass er auch an Prostatorrhoe leidet, dass
seine Erektionsfähigkeit ziemlich nachgelassen hat, dass er häufig
Urin lassen muss, dass sein Urin nicht immer klar ist und
häufig bestimmte Salze in ihm beträchtlich vermehrt sind. Und
wenn man ferner genau seine Geschlechtsorgane, besonders die
Harnröhre, untersucht, so entdeckt man hier eine Phimosis oder
eine sehr enge Harnröhrenöffnung oder eine Harnröhrenstriktur

und sehr häufig eine chronische Entzündung der Harnröhre
älteren Datums.

In beiden Fällen haben diese aufmerksameren, genaueren und
eingehenderen Untersuchungen der Geschlechtsorgane uns eine
sehr nahe Beziehung und Verknüpfung von Ursache und Wirkung
zwischen den allgemein nervösen Störungen und der lokalen Erkrankung gezeigt. Sie haben uns offenbart, dass sowohl die
Hypochondrie in vielen Fällen von krankhaftem Nervensystem
beim Manne, ebenso wie die Hysterie beim Weibe nur allgemeine
Reflexstörungen eines ganz bestimmten anatomischen Organ-
systems, nämlich der Geschlechtsorgane sind. In diesen Fällen
setzt man nun heute an die Stelle der früheren Diagnose
Hysterie und Hypochondrie die weit logischere, be-
rechtigtere und exaktere Diagnose: sexuelle Neurasthenie.

Es leuchtet wohl ein, wie verschieden die Therapie von heute
von jener von früher sein muss. Damals wandte man eine
symptomatische Therapie an. Heute handelt es sich um eine kausale
Therapie. Früher war die interne und externe allgemeine Behandlung angezeigt, um nervöse Störungen sehr verschiedenen
Grades und in weit von einander liegenden Gebieten zu bekämpfen. Heute nimmt die lokale Behandlung den ersten Rang
ein in der Absicht die Grundursache des krankhaften Prozesses
zu beseitigen. Hieraus erklärt sich die Verschiedenheit der
Wirkungen der heutigen und der früheren Behandlungsweise.
Früher wurde jede Hysterische und jeder Hypochonder aufs
mannigfachste mit Brom, Elektricität, Bädern, Reisen, Ruhe und
Zerstreuung behandelt. Das Leiden wurde nicht um ein Titelchen
besser, oder die Heilungen waren unvollständig, schwierig, eingebildet und vorübergehend. Heute dagegen sucht man bei diesen
Kranken die Affektionen der Geschlechtsorgane zu heilen, und
die Heilungen gestalten sich positiv, dauernd und vollständig,
weil sie eben auf einer rationellen und radikalen Heilmethode beruhen, die sich gegen die lokale und kausale Affektion richtet.

Der krankhafte Zustand der Zeugungsorgane zieht verschiedene
und zahlreiche Gruppen nervöser Symptome beim Mann und beim
Weibe nach sich. Wie beim Weibe einfache Gebärmutterhals-
affektionen, Entzündungen und Lageveränderungen des Uterus
oder der Eierstöcke die Ursache vieler und verschiedener nervöser
Störungen sind, so können beim Manne ebensolche Störungen

verursacht werden durch Phimosis, abnorme Länge der Vorhaut, Varicocele, krankhafte Empfindlichkeit der Hoden, Ueberempfindlichkeit der Harnröhre in Folge chronischer Urethritis, und ganz besonders häufig durch Reizbarkeit und Kongestivzustand der Prostata und des prostatischen Theiles der Harnröhre, zugleich mit Spermatorrhoe und Prostatorrhoe.

Die Symptomgruppen, welche sich an der sexuellen Neurasthenie betheiligen, sind sehr verschiedenartig und in vielfacher Weise kombinirt. Je nach dem einzelnen Fall kann heute das eine, morgen das andere Symptom in so bemerkenswerther Weise vorwiegen, dass dadurch diagnostische Irrthümer entstehen können.

Um zu zeigen, in wie mannigfaltiger Form die sexuelle Neurasthenie dem praktischen Arzt vorkommen kann, und wie leicht sie den Beobachter irre zu leiten vermag, woraus ihr grosses wissenschaftliches und praktisches Interesse folgt, ferner um zu zeigen, wie viel Studium diese vielgestaltigen, aber doch genau begrenzten klinischen Formen der sexuellen Neurasthenie noch erfordern, erinnert Barrucco an jene Beobachtung von Beard, die einen typischen Fall von sexueller Neurasthenie darstellt. In diesem Fall waren von sehr vielen Aerzten folgende Diagnosen gestellt worden:

„Oxalurie, Phosphaturie, Litiemie, Spermatorrhoe, Impotenz, Gehirnanämie, Gehirnhyperämie, Augenmuskelinsufficienz, Asthenopie, Astigmatismus, Hypermetropie, Dyspepsie, Brightsche Krankheit, Leberschwellung, Spinalirritation, Spondylitis, Coccygodynie, Haemorrhoidalleiden, Blasenkatarrh, ReizbareProstata, Prostatorrhoe, Harnröhrenverengerung, Ueberempfindlichkeit der Harnröhre, Syphilis, Malaria, Pleuritis adhaesiva, Hysterie, Hypochondrie, Gehirnkongestion, Gemüthsverstimmung, allgemeine Anämie, Nervöser Erschöpfungszustand, allgemeine Erschöpfung, Tabes dorsalis, Progressive Paralyse, Hallucinationen, Gicht, Rheumatismus, Progressive Muskelatrophie, Epilepsie, epileptische Absencen, Melancholie und Monomanie."

Alle diese Krankheiten sind nichts weiter als Symptome einer einzigen Krankheit, nämlich der sexuellen Neurasthenie. Wenn in einem typischen Falle von sexueller Neurasthenie 43 verschiedene Diagnosen von ebensoviel Aerzten gestellt wurden, so beweist das nicht blos, wie verschieden und verwickelt die

Symptomatologie dieser Krankheitsform ist, sondern auch wie
schwer ihre Diagnose ist.

Es dürfte deshalb wohl von grösstem wissenschaftlichen und
praktischen Interesse sein, wenn wir diese so sehr wichtige und
ziemlich häufige Krankheitsform eingehender und genauer studiren.
Zu dem Zweck wollen wir ihr Wesen, ihr Erscheinen, ihre Beziehungen zu andern krankhaften Zuständen betrachten und
ausserdem studiren ihre sehr interessante Aetiologie, Symptomatologie und pathologische Anatomie, sowie ihre Diagnose, Prognose
und Therapie.

Wesen und klinische Formen der Neurasthenie.

Die Neurasthenie ist eine chronische funktionelle Krankheit des Nervensystems im Allgemeinen. Speziell ist sie aber charakterisirt durch den Grundzug der Abnahme der Nervenkraft, nämlich durch schnelleren Verbrauch und unvollkommenen Ersatz der Nervensubstanz. Damit steht die übertriebene Empfindlichkeit in Beziehung, welche sich zu einer andauernden direkten und reflektorischen Nervenreizbarkeit steigert, und die zu einer Schwäche und Ungleichmässigkeit der Nervenfunktionen und schliesslich zu einer Abnahme der Fähigkeit führt, über die Nerventhätigkeit in physischer und moralischer Hinsicht eine leitende Kontrolle auszuüben. Diese Erscheinungen müssen konstant, fortwährend und dauernd vorhanden sein, wenn sie einen krankhaften Zustand, eine wirkliche Krankheit, also den neurasthenischen Zustand kennzeichnen sollen. Indessen diese unter der Form von Schmerz und Ermüdung auftretende nervöse Erschöpfung, welche anstrengender körperlicher oder geistiger Arbeit folgt, oder welche die Folge ist von zeitweisen funktionellen Ueberanstrengungen irgend welcher Art, auch von Excessen in venere, oder auch, welche die Folge von mangelhafter Ernährung und von seelischer Erregung oder von heftiger moralischer Erschütterung ist, bildet auch ein Symptom der Neurasthenie, aber eines der sogenannten akuten Neurasthenie, d. h. einer vorübergehenden Erschöpfung, welche gewöhnlich bei besserer Ernährung und bei längerer Erholung sich wieder ausgleicht, und die deshalb niemals eine eigentliche Krankheit.darstellt.

Damit es sich um wirkliche Neurasthenie handelt, ist also die Konstanz der nervösen Erschöpfung nötig, oder besser gesagt, die Konstanz der Erscheinungen von Reizbarkeit, Unselbständigkeit, Schwäche und Mangel der normalen Nervenkraft, also jener Erscheinungen, welche die nervöse Erschöpfung bilden. Und diese Konstanz beruht auf der langen Dauer der Veranlassungsursache der nervösen Erschöpfung, auf der Wiederholung derselben Veranlassungsursachen in kurzen Zwischenräumen und auf dem gleichzeitigen Bestehen anatomischer Affektionen, die manchmal kaum wahrnehmbar sind, aber bei einer genauen Untersuchung immer beachtet werden müssen, und die einem ganz bestimmten Organsystem und einem wichtigen Körpergebiete angehören.

Die verschiedenen und vielgestaltigen Symptome der Neurasthenie werden beeinflusst von Reflex-Erregungen, welche ihren Ursprung hauptsächlich in drei Haupt-Centren, dem Gehirn, den Verdauungsorganen und den Zeugungsorganen haben, und welche sich in den sensiblen und motorischen Nerven, aber auch in dem Sympathicus und den Gefühlsnerven verzweigen.

Andererseits sind Herz- und Blutgefässe in Folge ihrer sehr reichen Versorgung durch sensible Nerven, die in Wechselbeziehung zu den nervösen Centren stehen, im Stande, auf jeden Reflexreiz zu reagiren. Deshalb hat der Blutstrom eine besondere Neigung zu lokaler passiver Hyperämie und zu venöser Stauung, die heute in diesem, morgen in jenem Organ auftreten kann. Wir sehen an einer Stelle, welche vom Reflexreiz getroffen wird, deutlich ein Symptom auftreten, ein anderes verschwinden und ein drittes sich verändern. Während die durch Innervation geregelten Zustände der Blutcirkulation sich gesetzmässig ausgleichen, sieht man in einem oder mehreren Organen einen Zustand von Hyperämie auftreten, und in einem andern einen Zustand von Anämie entstehen, der auch im Stande ist, das Erscheinen oder Verschwinden eines abnormen Symptomes zu bestimmen. Daher dürfen und können sowohl die verschiedenen lokalen Zustände von Hyperämie und Anämie, wie auch die davon abhängigen Symptome nicht als Krankheiten aufgefasst werden. Denn sie stellen nichts weiter dar, als die Folge der Reaktion des Blutstroms auf Reflexreize, welche die Neurasthenie begleiten, und die ihren Ursprung in den hauptsächlich betroffenen nervösen Centren haben.

Wie verhalten sich nun diese Cirkulationsstörungen beim gesunden und beim neurasthenischen Individuum?

Bei einem normalen, gesunden, kräftigen Individuum ruft lokale Hyperämie und Anämie keine weitere Störung hervor; selbst wenn, wie oftmals geschieht, solch ein Zustand ganz unerwartet kommt. Z. B. kann ein gewisser Grad von fast beständiger Hirnhyperämie sehr gut auf physiologischer Vollblütigkeit beruhen, während ähnliche Zustände von Hyperämie in andern Organen, die kaum übernormal oder auch nur normal funktioniren, nicht mehr physiologisch normal sind. Wie ein Redner, der eine lange Rede hält, oder ein Schriftsteller, der lange Zeit geistig gearbeitet hat, ein hyperämisches Gehirn haben, oder wie ein Athlet nach seinen Uebungen hyperämische Muskeln hat, so verursacht die Verdauung nach dem Essen auch unter normalen Umständen eine Magenhyperämie, und ebenso befinden sich nach einem Coitus die Geschlechtsorgane des Mannes und des Weibes in einem Zustande starker Hyperämie, während dagegen ein kaltes Bad die Hautoberfläche blutleer macht.

Diese partielle temporäre und physiologische Hyperämie und Anämie, welche wir jeden Augenblick bei einem vollständig normalen und gesunden Individuum beobachten können, macht hier nicht die geringste Störung, weil sich das gestörte Gleichgewicht durch den Tonus der vasomotorischen Nerven und durch die kompensirende Nerventhätigkeit schnell wieder ausgleicht. Der Neurastheniker dagegen erträgt Hyperämie und Anämie nicht. Bei ihm haben diese Cirkulationsstörungen keine Neigung sich auszugleichen. Sie dauern weit länger. Im Anschluss an sie bildet sich nach geraumer Zeit eine beständige passive Kongestion der betreffenden Organe heraus. Es entstehen nervöse und funktionelle Störungen in den schlecht ernährten Partien. Dieses Unvermögen zum normalen Zustande zurückzukehren, dieses schwierige Schwinden einer Hyperämie und das Rückkehren der Cirkulation wieder in den früheren Zustand hängen von der Schwäche der Nervenkraft ab, von der in Folge des verlorenen Nerventonus gesunkenen Innervation der Blutgefässe, wodurch sich in kurzer Zeit das Gleichgewicht nicht wieder herstellen kann.

Wie oben gesagt wurde, laufen die Reflexreize, welche die so vielfachen und verschiedenen Symptome der Neurasthenie beeinflussen, nicht blos in den gewöhnlichen sensiblen und motorischen Nerven, sondern auch im Sympathicus und in den Gefässnerven. Denen im Sympathicus kommt ein besonders wichtiger Antheil an den neurasthenischen Zuständen zu. Das beruht zum Theil auf seiner besonderen Funktionsaufgabe, die Beziehungen zwischen den verschiedenen Theilen des Körpers auszugleichen. Was nämlich die Reaktionsfähigkeit auf die verschiedenen Reize betrifft, welche auf die vielen und verschiedenen Symptome der Neurasthenie Einfluss haben, so reagirt sehr wahrscheinlich der Sympathicus bei den meisten Neurasthenikern so langsam, dass ein irgend eine Körpergegend treffender schädlicher Insult nur nach Stunden oder Tagen abnorme Aeusserungen oder funktionelle Störungen in einer anderen Körpergegend verursacht. Und in diesem Verhalten liegt die Ursache, weshalb bei der Neurasthenie in Folge der verschiedenartigsten schädlichen Einflüsse Erschöpfungszustände und gefährliche Wirkungen heftigerer Art nur langsam sich entwickeln. Der Sympathicus ist also bei allen Neurasthenieformen von grösster Wichtigkeit. Er leidet geradeso wie das Cerebro-spinal-Nervensystem und der ganze Organismus, weil die Nervenkraft schlecht ausgeglichen und mangelhaft und langsam ergänzt wird.

Wie erklären sich nun der Mangel an Nervenkraft, der fehlerhafte Ausgleich der erforderlichen Nervenkraft und die Schwierigkeit, das verlorene Gleichgewicht wieder herzustellen?

Der menschliche Organismuss stellt gewissermaassen ein fortwährendes Entstehen von Kraft mit beständiger Zu- und Abnahme dar. Der völlig gesunde Mensch besitzt einen genügenden Vorrath an Nervenkraft, welche niemals durch geistige oder körperliche Arbeit völlig erschöpft wird. Auch für aussergewöhnliche Anstrengungen hat er noch eine hinreichende Menge von Reservenervenkraft. Und wenn diese durch Excesse aufgebraucht ist, dann zeigt sich eine Uebermüdung, die durch Ruhe, Schlaf und Nahrung vollständig wieder verschwindet.

Der Neurastheniker dagegen hat wenig Reservenervenkraft. Wenn er nur im geringsten von seinen Nerven Gebrauch machen muss, dann fängt diese Reservekraft, dieser Nervenvorrath sehr früh an zu fehlen und kehrt erst nach langer Ruhe auf den frühern Normalzustand wieder zurück.

Die schnellen nervösen Erschöpfungszustände und die darauf folgende langsame Wiederherstellung der Nervenkraft bilden also das Hauptkennzeichen des Verhaltens des Nervensystems des Neurasthenikers.

Trotz der schnellen Erschöpfung jedoch steigt die nervöse Kraft beim Neurastheniker nach langer Ruhe auf ihre frühere

Höhe von Neuem herauf und befähigt das Individuum zu erneuter und fruchtbarer Thätigkeit. Es fehlt also dem Neurastheniker nicht die Nervenkraft überhaupt, ja er besitzt oftmals eine grosse Menge davon, sondern es mangelt bei ihm an Reservenervenkraft. Indem ferner in ihm die Fähigkeit seiner Nerven einzuhalten und maasszuhalten vermindert ist, wird sein ganzer Vorrath von Nervenkraft, den er besitzt, bei gewöhnlicher Thätigkeit frühzeitig und schnell verbraucht und erschöpft, und der Wiederersatz dieser verbrauchten Kraft geschieht langsam und allmählich in Folge des verzögerten und mangelhaften Ausgleichs der Nervenkraft selbst.

Ohne solche Betrachtungen würde der Widerspruch unerklärlich sein, welchen man bei dieser Krankheit beobachtet, nämlich dass Neurastheniker im Stande sind, Jahre lang und oft ihr ganzes Leben hindurch starken Anforderungen Widerstand zu leisten, und dass bei ihnen eine intensive und andauernde geistige Thätigkeit, sowie eine ausserordentliche Fähigkeit für geistige Arbeit bestehen kann, was ja jeder Beobachter vieler Neurastheniker bestätigen wird.

Gewöhnlich entfalten Neurastheniker eine weit grössere Thätigkeit als andere Personen. Aber sie verbrauchen auch in ziemlich kurzer Zeit viel mehr Nervenkraft. Deshalb haben sie reichlichere Ernährung, grössere Ruhe und längern Schlaf nöthig. Es ist merkwürdig, wie ein Neurastheniker häufig viel mehr als ein gesundes Individuum zu produktiver Arbeit und zum Widerstande fähig ist, weil er schnell und energisch seine ganze Reservenervenkraft mit anwendet und, da ihm die Fähigkeit der Selbstzügelung und Kontrolle seiner Nerventhätigkeit fehlt, sie bis zur Erschöpfung aufbraucht.

Um zu beweisen, dass Neurastheniker meistens eine grosse produktive Thätigkeit entfalten trotz ihrer schnellen Erschöpfung und dass sie mit einem weit geringeren Quantum Nervenkraft, das sie aber bereit sind aufzubrauchen, Originelles und Wichtiges zu leisten im Stande sind, genügt es daran zu erinnern, dass viele berühmte Männer, welche grosse Thaten vollbracht und unsterbliche Werke geschrieben haben, Neurastheniker waren: wie z. B. George Elliot, Darwin, Heine, Spencer, Edwards, Kant, Bacon, Montaigne, Joubert, Rousseau, Schiller u. s. w.

Obgleich das Leben des Neurasthenikers voller Schmerzen

und Unpässlichkeiten mit Reizzuständen ist, wodurch jeder Genuss vollständig getrübt wird, übt seine Krankheit doch niemals einen bemerkenswerthen Einfluss auf die Dauer des Lebens aus. Meistens leben die Neurastheniker lange, um so mehr als sie fast immer verschont sind von Entzündungskrankheiten, Epidemien und Infektionskrankheiten oder sie doch leichter überwinden, wenn sie daran erkranken.

Wenn wir uns ernstlich Rechenschaft von anderen Erscheinungen des Allgemeinzustandes geben wollen, welche in enger Beziehung zur Aetiologie der Neurasthenie stehen, und wenn wir die Gründe kennen lernen wollen, weshalb es Individuen mit geringer Reservenervenkraft giebt und wie es kommt, dass diese bei ihnen so schnell bei der Thätigkeit nachzulassen beginnt, weshalb man heute so oft Individuen mit leicht erschöpfbarem Nervensystem antrifft, und weshalb in dem einen Volke und in der einen sozialen Gesellschaftsklasse die Neurasthenie mehr auftritt als in der andern, so müssen wir den allerersten Ursprung und Grund für diese Erscheinungen in der individuellen Organisation und in der Verschiedenheit der Kulturgrade der verschiedenen Gesellschaftsklassen suchen.

Gegenwärtig ist die Zahl der Neurastheniker sehr gross. Denn die Fortschritte in jedem Zweige der Wissenschaft sind grösser geworden, die das menschliche Gehirn auf die Probe gestellt haben, indem sie es zu grösserem Studium und zu stärkerer Anstrengung zwangen. Noch grösser aber wird die Zahl im Vergleich mit solchen Völkern, wo die geistige Kultur auf besonders hoher Stufe steht. Kurz man trifft die Neurasthenie weit häufiger in einer hochstehenden Kulturklasse und Gesellschaft, als in einer weniger hochstehenden, häufiger bei weit in der Kultur fortgeschrittenen Völkern als bei weniger civilisirten an.

Eine Bäuerin, die von gesunden und in keiner Weise nervösen Eltern stammt, in einem Bergdorfe lebt, mitten in der freien Natur und fern von jedem Civilisationscentrum, die in stets derselben Umgebung heranwächst, wo es keine Aufregung giebt, und die niemals in ihrem geistigen Leben Gemüthserregungen hat, die ihr ganzes Leben lang ohne jede auch die gewöhnlichste Bildung zubringt, solch eine Bäuerin verbraucht bei ihren Verrichtungen nur ein sehr geringes Maass von Nervenkraft. Eine Dame aber aus guter Gesellschaft, in der Grossstadt und schon von Natur nicht mit einem grossen Vorrath von Nervenkraft ausgestattet, die inmitten einer Umgebung der verwöhnten Kultur heranwächst, und hier und da von den Wogen eines stürmisch erregten Gemüthes getroffen wird, die immerfort zwischen Freude und Schmerz, Hoffnung und Enttäuschung ringt, und an welche das moderne soziale Leben hohe Anforderungen stellt, diese Dame würde einen grossen Vorrath von Nervenkraft nöthig haben, um allen Anforderungen zu genügen. Sie ist deshalb gezwungen, ihre Nervenkraft bis zur Erschöpfung aufzubrauchen, und kann nur ein ganz winziges Quantum davon in Reserve zurückhalten.

Die Natur der kräftigen Bäuerin lässt sich vergleichen mit einem Wasserbehälter, der durch eine beständig fliessende Quelle gefüllt erhalten wird, bei dem Zu- und Abfluss gleich sind. Die Kraft seines Abflusses treibt fortwährend eine Mühle, und das Wasser bleibt auf einem gleichen Niveau, ohne je abzunehmen. Dagegen ist die Natur der Stadtdame einem Wasserbehälter ähnlich, der viel kleiner ist, aber gleichfalls angefüllt wird von einer beständig fliessenden Quelle. Aber sein Abfluss ist grösser als sein Zufluss. Dadurch geht die Mühle viel schneller, um jedoch bald still zu stehen, weil der Wasserbehälter leer ist und es schnell anfängt, an Wasser zu fehlen.

Die Bäuerin kann man auch vergleichen mit einer elektrischen Batterie von hoher elektromotorischer Kraft, in welcher durch den grossen innern Widerstand nur ein Theil davon bei Stromesschluss verbraucht wird. Deshalb hält sich der Strom lange Zeit konstant. Die Dame der Stadt dagegen vergleichen wir mit einer Batterie aus kleinen Elementen mit grosser elektromotorischer Kraft, aber mit geringem innern Widerstand, wobei Stromesschluss eine bedeutende momentane Stromstärke giebt, aber der Strom bald schwächer wird und schnell Polarisation eintritt.

Diese Beispiele aus der Physik erklären den Widerspruch, dass ein Neurastheniker eine bedeutende Fähigkeit zu geistiger Arbeit besitzen kann und dass diese Arbeit äusserst produktiv zu sein vermag. Allerdings der Wasserbehälter des obigen Beispiels ist kleiner und der Abfluss grösser als der Zufluss, das Niveau des Wassers sinkt schnell, und der Wasserbehälter wird bald leer, aber eben dadurch wird die Mühle in dieser kürzern Zeit so stark getrieben und die Arbeit, welche sie vollbringt, auch produktiver sein. In dem andern Beispiel dagegen wird die

Mühle niemals mehr leisten als was sie gewöhnlich verrichtet. Eine Batterie aus kleinen Daniellelementen kann sicherlich lange Zeit konstant bleiben; aber sie wird niemals im Stande sein, eine Glühlampe ins Leuchten zu bringen oder einen Platinfaden glühend zu machen, während wenige grosse Grenet'sche Elemente einen Strom liefern von einigen Minuten Dauer, der aber eine Glühlampe leuchten macht und einen Platinfaden glühen lässt.

Aus diesen Beispielen ergiebt sich klar, dass ein fein entwickelter Organismus, der nervös beanlagt ist in Folge angeborener und ererbter nervöser Disposition, in Folge von Bildung oder geistiger Arbeit, der zum Sentimentalen erzogen, empfindlich und leidenschaftlich ist, einen weit geringern Widerstand gegen molekulare Veränderungen des Nervensystems zeigt, als ein weniger entwickelter Organismus, der in dem Bereiche psychischer und sensorischer Thätigkeit weniger ausgebildet ist. Die Bewegungsimpulse werden sehr prompt direkt und indirekt fortgepflanzt in Folge des Fehlens der Selbststeuerung und Selbstkontrolle der Nerventhätigkeit — das Fehlen des innern Widerstandes — Grenetsches Element — und schon nach einem schwachen Reize entstehen verschiedene Reflexerregungen aller Arten, die sich verzweigen und verschiedene Bahnen einschlagen, so dass die Nervenstörung schnell nach jedem, auch dem entferntesten Organ hin verbreitet wird.

In einem Individuum mit starken Nerven dagegen geht der Verlauf der Erregung vermöge der Selbststeuerung und Selbstkontrolle der Nerventhätigkeit — grösserer innerer Widerstand — Daniellsches Element — ziemlich langsam durch die verschiedenen Bahnen, weshalb sich die Reflexäusserungen nicht nach überallhin zeigen, sondern nur in der einen oder andern Richtung. Hierdurch erklärt die grössere Fähigkeit des Widerstandes eines normalen und mit starken Nerven versehenen Individuums gegenüber der geringeren Widerstandskraft eines schwachen Individuums, wie beim ersteren ein funktioneller Excess in einem Organe nur in diesem eine Störung verursacht, während bei dem andern auch Störungen in andern, weit entfernten Organen entstehen. Daher kommt es nun, wie vorher angedeutet ist, dass eben in Folge dieses grösseren Widerstandes die kräftigen Individuen nicht in leichterem Grade von entzündlichen, akuten, lokalisirten Krankheiten betroffen werden, während bei den Schwachen und deshalb

auch bei den Neurasthenikern eben in Folge des schwachen
Widerstandes der Reiz einer Krankheit in einem Körpertheile
dadurch, dass er leicht Reflexäusserungen in allen andern Gebieten
hervorbringt, sich nicht mit solcher Heftigkeit gleichsam akut
äussert, und deshalb keine gefährlichen Symptome hervorbringt.
Weil das Nervensystem beim Neurastheniker so schwachen
Widerstand leistet, setzen sich seine Organe durch die Nerven
schnell unter einander in Rapport. Ein erkrankter Theil zieht
auf der Bahn des Sympathicus auch andere Organe in Mitleidenschaft. Dadurch, dass diese nun partizipiren an dem Betroffen-
werden von der schädlichen Ursache, die sich somit auf verschiedene Gebiete vertheilt, wird in dem zuerst betroffenen Organ
die Läsion sehr abgeschwächt.

Demnach ertragen kräftige und mittelstarke Personen, deren
Nervenfasern der Molekularbewegung einen genügend starken
Widerstand entgegensetzen, organische Verletzungen viel leichter
als nervöse Personen, bei welchen die Nervenfasern keinerlei
Widerstand leisten. Bei diesen letzteren laufen die Nerven-
erregungen von allen Seiten des Körpers nach dem lokalen Reiz-
heerde zusammen und rufen hier und dort funktionelle Störungen
hervor, wodurch die lokale Affektion wesentlich in ihrer Wirkung
auf den Organismus abgeschwächt wird. Hierin liegt sozusagen
der kompensatorische Nutzen der Neurasthenie bei Personen,
welche von einer andern Krankheit betroffen sind.

Nachdem wir nun das Wesen der allgemeinen Neurasthenie
symptomatisch und differentialdiagnostisch besprochen haben, gehen
wir zur Kenntniss ihrer verschiedenen klinischen Formen über.
Der menschliche Körper ist bekanntlich ein Netz von Reflexen
der Art, dass ein in irgend einem seiner Theile entstehender Reiz
sich auch fortpflanzt auf andere entlegenere Theile. Die Natur
dieser sekundären Reize hängt ab von der Stärke und von der
Art des ersten Reizes und von der Konstitution des Individuums.
Das gilt für die oberflächlichen und tiefer gelegenen Körpertheile,
wie für alle Centralorgane, einbegriffen Gehirn und Rückenmark.
Ueberall giebt es hier bestimmte Organe, welche hinsichtlich ihrer
grossen funktionellen Wichtigkeit für den ganzen Organismus als
Reflexcentren zu betrachten sind. Von ihnen sind besonders
wichtig der Verdauungsapparat, die pars prostatica der Harnröhre, der Uterus mit den Eierstöcken und das Auge. Von all

diesen Apparaten ist wahrscheinlich der Prostataabschnitt der Harnröhre das wichtigste Reflexreizcentrum des Körpers, oder doch wenigstens wetteifert es mit dem Verdauungsapparate und ist ebenso wichtig wie dieser. Soviel ist sicher, dass ein krankhafter Zustand des prostatischen Theiles der Harnröhre zur selben Zeit Ursache und Wirkung der nervösen Erschöpfung ist, indem einerseits bei einer reizbaren Prostata sich eine hochgradige Nervosität entwickelt, andrerseits ein neurasthenisches Individuum sicherlich an reizbarer Prostata leidet.

Man theilt die Neurasthenie in eine Anzahl verschiedener klinischer Formen, deren Bezeichnung sich von den am meisten affizirten Organen oder von einem wichtigen Causalmomente oder schliesslich von einem sehr charakteristischen Symptome herleitet. Die Eintheilung dieser klinischen Arten ist folgende:*)

1. Neurasthenia cerebralis — Cerebrasthenie — Gehirnneurasthenie.
2. N. spinalis — Myelasthenie — Rückenmarkserschöpfung.
3. N. digestiva — nervöse Dyspepsie oder gastrische Neurasthenie.
4. N. sexualis — geschlechtlicher Erschöpfungszustand.
5. N. traumatica — Erschöpfungszustand in Folge einer Verletzung.
6. Hemineurasthenie.
7. Hysteroneurasthenie.

Obgleich die verschiedenen Formen der Neurasthenie gemeinsame allgemeine Symptome haben, unterscheiden sie sich doch nicht schwer von einander, wenn man vor allen Dingen auf ihren Hauptkonzentrationspunkt und auf das ätiologische Moment, welches den nervösen Erschöpfungszustand hervorgebracht hat, Rücksicht nimmt.

Erstlich kann der neurasthenische Zustand in seinen Aeusserungen gleichsam ausschliesslich auf das Gehirn beschränkt sein. Dann haben wir die Cerebrasthenie, charakterisirt durch psychische Depression, Schlaflosigkeit, Kopfschmerz, Schwäche

---

*) Anmerkung. Wir würden eine etwas andere Eintheilung vorziehen. Doch da noch keine allgemeine Einigung über die Eintheilung unter den Autoren herrscht, mag jedem die seinige erlaubt sein. Unsere Eintheilung findet sich im Aufsatz: Dr. Wichmann, die Behandlung der Neurasthenie, in Fischers Kalender für Mediziner fürs Jahr 1899; herausgegeben von Dr. A. Seidel, Verlag von H. Kornfeld, Berlin W., Lützowstr. 10.

Der Uebersetzer.

der Intelligenz, Verminderung der geistigen Thätigkeit, Gedächtniss-abnahme, krankhafte Furcht, krankhafte Triebe, Verringerung und Verlust der Selbstbeherrschung. Es können bei der Cerebrasthenie vollkommen oder theilweise fehlen krankhafte Aeusserungen in andern Centren, jedoch meistens dann, wenn das Rücken-mark nicht durch krankhafte Reflexreize mit betroffen ist. Auch fehlen andere Male Störungen im Verdauungs- und Sexualsystem nicht.

Die Myelasthenie ist gewöhnlich von mehr oder weniger Cerebrasthenie begleitet, weil den Symptomen von Spinalreizung, passiver Kongestion, Hyperästhenie und Hyperalgie sich Schlaf-losigkeit, geistige Depression, Verdauungsstörungen, Schwindel, Schwierigkeit auf den Füssen zu stehen und zu gehen, hinzu-gesellen.

Die Neurasthenie der Verdauungsorgane ist am häufigsten und am besten studiert. Sie zieht fast immer Störungen der intellektuellen Funktionen nach sich, ausgenommen im ersten Stadium.

Die sexuelle Neurasthenie ist die wichtigste unter allen Formen nicht nur in Folge ihrer Häufigkeit, sondern auch in Folge der Verschiedenheit und Vielfältigkeit ihrer Komplikationen und wegen der Schwierigkeit ihrer Diagnose.

Unter traumatischer Neurasthenie versteht man die nervöse Erschöpfung, bei welcher eine heftige physische oder moralische Erschütterung, oder beide zusammen das charakteristischere ätiologische Moment darstellen, wie Eisenbahnunfälle, Ver-unglücken bei der Arbeit, heftiger Schreck durch ein Brand-unglück, durch Erdbeben, durch Schiffbruch, ein tiefer Sturz, schwere Gemüthserschütterung durch Theilnahme an dem Un-glücksfall einer geliebten Person etc. Bei dieser Form ist die Diagnose leicht und die Prognose günstiger.*)

Unter Hemineurasthenie versteht man die Form von Neurasthenie, welche eine Seite des Körpers, besonders die linke, betrifft, z. B. linksseitige Ptosis, linksseitige Amblyopie und Photophobie, Halblähmung der linksseitigen Extremitäten, Ab-nahme der Muskelkontraktion, des Hautreflexes und Sehnen-

---

*) Bezüglich der Prognose weicht unsere Ansicht von der des Autors ab.

D. Uebers.

2*

reflexes, Verminderung der Temperatur, Zittern, mouches volantes auf dem linken Auge, Geräusche und Pfeifen auf dem entsprechenden Ohre.

Die Hysteroneurasthenie schliesslich ist am häufigsten bei Weibern, wenn bei ihnen Neurasthenie und Hysterie gleichzeitig bestehen oder sich abwechselnd äussern. So kann sich die eine Gruppe neurasthenischer Symptome, wie jene bei andern Formen schon geschilderten, neben hysterischen Krämpfen zeigen, neben anfallsweise auftretenden Muskelkrämpfen, neben Lach- und Weinkrämpfen, neben Globusgefühl, neben häufigem Urindrang, manchmal gleichzeitig mit Fehlen des Gefühls für Moral und neben vielen andern hysterischen Symptomen. Die Hysterie zeigt sich gewöhnlich in 2 Formen, körperlichen und psychischen. Die erstere hervorgebracht durch rein psychische lokale oder allgemeine Ursachen, häufig als Folge verschiedener Störungen der Zeugungsorgane, in welchem Fall sie fast immer von Neurasthenie begleitet ist. Die zweite grösstenteils als Folge von Ursachen moralischer Depression oder seelischer Erregung, die ihren vollen schädlichen Einfluss bei leicht reizbaren Personen geltend machen. Manchmal können beide Formen zusammen vorkommen.

Wesen der sexuellen Neurasthenie, ihr Verhältniss zu andern Krankheiten und zu Perversionen des Geschlechtstriebs.

Die wichtigeren Organe des menschlichen Körpers halten nach ihrer Entwicklung und Einfügung in das gesammte Funktionssystem folgende Reihenfolge ein: Herz und Gefässsystem, Gehirn, Sehorgan, Gehörorgan, Nase, Mund und Pharynx, Verdauungstractus, Geschlechtsapparat. Von den psychischen Funktionen äussern sich zuerst die motorischen Erregungen, später das Denken zugleich mit der Erinnerungsfähigkeit, d. i. das Gedächtniss, während hinsichtlich der Reihenfolge der funktionellen Entwicklung der untergeordneten Organe zuerst sich das Gemeingefühl, dann die spezifischen Sinne und zuletzt das Sexualgefühl ausbildet.

Das Sexualgefühl ist eine besondere Form des Gemeingefühls derart, dass der Orgasmus des Coitus dem Gefühl eines andauernden Hautkitzels und dem Berührungsgefühl unter gewissen Umständen analog ist. Wie ein sexueller Excess Erschöpfung verursacht, so tritt auch bei sehr heftigem Kitzeln ein Zustand nervöser Erschöpfung ein, und das gewöhnliche Berührungsgefühl kann sich manchmal bis zum Orgasmus steigern.

In der Einreihung der vollständigen Entwicklung und Anlage in die normale Funktionirung nimmt also das Zeugungssystem die letzte Stelle ein. Obwohl nun die Pubertät im Durchschnitt mit 15 Jahren eintritt, so findet sich doch nur bei wenig Individuen beider Geschlechter und in Ausnahmefällen von Frühreife die Fähigkeit zur Ausübung der sexuellen Funktionen in diesem Lebensalter voll ausgebildet.

Wenn ein Organ während seiner Entwicklung von einem Krankheitsprozess betroffen ist, wird dieser in der Regel gehindert,

d. h. verzögert oder auch gehemmt. Ein derartiges Organ erhält viel später die Fähigkeit, seine normale Funktion auszuüben, und diese pflegt sich in solchem Fall auch schwächer unter gewöhnlichen Umständen zu zeigen.

Doch wird gewöhnlich die Schwächung und Schädigung der Funktion durch ungünstige Einflüsse, welche während der Entwicklung des Organismus eingewirkt haben, von dem Kranken zu spät für den Organismus selbst beachtet. An ihrer statt werden fast stets Störungen in andern Reflexcentren beachtet, die bald durch dies, bald durch das Symptom imponiren, weil es besonders charakteristisch und lästig ist.

Andererseits zeigen sich im Organismus, wenn er von einer Krankheit betroffen ist, Reflexstörungen zuerst und besonders in den Funktionen jener Organe, welche sich später voll entwickelt haben, eine Thatsache, die abhängig ist von Veränderungen, welche meistens auf Zuständen individueller oder ererbter Prädisposition beruhen.

Wenn aber dann bei einem Individuum, bei welchem während seiner Entwicklung eine schädigende Ursache auf ein Organ eingewirkt hat, die zu dessen Entwicklungsverzögerung oder Hemmung Veranlassung gab, sich später nicht im ganzen Organismus, sondern besonders in diesem Organe selbst eine wirkliche Krankheit zeigt, dann entstehen in diesem Organe, das schon durch die verzögerte Entwicklung geschädigt ist und das durch den aufgetretenen Krankheitsprozess noch mehr geschwächt wird, zugleich mit vollständiger und schwerer Störung der Funktion, ebenfalls wichtige Störungen der Reflexe. Sie führen zu einer charakteristischen Nervenkrankheit des ganzen Organismus, da sie das Krankheitscentrum in dem Organ besonders betroffen haben.

Eine analoge Beziehung existirt zwischen den Schädigungen des Nervensystems und der Entwicklung seiner Funktionen. So entwickeln sich, wenn das Gesammtnervensystem von einer Schädigung betroffen ist, besonders seine psychischen und Fortpflanzungsfunktionen langsamer. Und so geht mit langsamer Entwicklung der Funktionen ziemlich häufig eine verlangsamte Wahrnehmung der Funktionsstörung im betroffenen Organe einher. Bevor diese Funktionen gestört werden, deren Veränderungen man erst bemerkt, sind schon jene zerstört und verändert, ohne dass der Kranke selbst dies immer bemerkt. Deshalb kann eine Schwäche des Denkvermögens und des Gedächtnisses schon lange vorhanden sein, ohne dass sich das äusserlich bemerkbar macht. Und in derselben Weise kann eine Schwäche des Geschlechtsapparates sich zeigen oder auch für lange Zeit unbeachtet bleiben bei einem Individuum, welches seine geschlechtlichen Bedürfnisse nur selten befriedigt. Wie bei den Geisteskrankheiten und nicht blos häufiger bei jenen, die dem eigentlichen Irrsinn am nächsten stehen, wie progressiver Paralyse, Melancholie, Manie, Monomanie, sondern auch bei der weiter abseits stehenden Gruppe, wie Alkoholismus, Opiumsucht, Morphiumsucht und bei jenen mit Verlust der Fähigkeit, die eigenen Handlungen beurtheilen zu können (doch nicht so hochgradig, um die Diagnose Irrsinn rechtfertigen zu können), sowie auch bei solchen, die zur Hysterie und allgemeinen Neurasthenie gehören, so zeigt sich auch bei diesen Affektionen das Sinken der Moral. Dieses wichtige Symptom wird viel früher beobachtet, bevor die Krankheit einen ernsten Charakter angenommen hat, denn dieses Symptom bietet sich leichter der Beobachtung dar als alle andern Charaktereigenschaften, wie Verringerung des Denkvermögens, Gedächtnissschwäche, welche schon früh einsetzen, aber erst spät beobachtet werden, da sie der allgemeinen Beobachtung weniger zugänglich sind.

So erklärt sich die Thatsache, welche durch klinische Erfahrung immer bestätigt wird, dass die sexuelle Neurasthenie lange Zeit bestehen kann, ehe der Kranke zur Erkenntniss seines Zustandes gelangt. Obgleich dabei die Genitalfunktionen schon etwas gelitten haben, zeigen sich ganz im Anfang keine lokalen Störungen und werden auch nicht beachtet. Nur wenn reflektorisch andere wichtige Organe affizirt sind, deren richtige Funktion zur Erhaltung des Organismus fortwährend nöthig ist wie die Verdauungsorgane, das Gehirn und Rückenmark, nur dann erkennt das Individuum seinen Krankheitszustand aus den Symptomen der Indigestion, Schlaflosigkeit, geistigen Depression und allgemeinen Schwäche.

So können auch die krankhaften Zustände des Genitalapparates, Spermatorrhoe, Prostatorrhoe, verschiedene Grade von Impotenz bis zum vollständigen Unvermögen der Immissio penis, Reizbarkeit der Prostata durch wenig Tropfen Urin, häufiger Harndrang, Oxalurie, Phosphaturie, Harnsäurediathese u. s. w.

monate- und jahrelang bestehen, ohne dass der Kranke es weiss, bis früher oder später andere Funktionen gestört werden, wie jene des Gehirns, des Rückenmarks, der Verdauungsorgane. Es können sich aber auch so hochgradige Funktionsstörungen im Sexualapparate selbst, wie geschlechtliche Schwäche oder Impotenz, die bei einem Mann bei dem Versuch eines Coitus nach langer Enthaltsamkeit auftreten, zeigen, dass sie nothwendig die Aufmerksamkeit des Kranken dazu anregen, über die Abnormität seines Zustandes ernstlich nachzudenken.

Also die Sexualfunktion, die sich im Organismus als letzte ausbildet, ist gewöhnlich zuerst, am leichtesten und häufigsten affizirt. Aber ihre Affektion wird gewöhnlich zuletzt bemerkt, weil sie eben den Allgemeinzustand nicht stört. So kann sogar lange Zeit ein sehr hoher Grad von Impotenz bestehen, ohne dass der Allgemeinzustand dadurch berührt wird, weil anscheinend die sich zuletzt entwickelnde Geschlechtsthätigkeit keine Neigung hat, die Lebensfähigkeit des Organismus zu beeinflussen, wie die sexuelle Neurasthenie selbst ja auch keinen Einfluss auf die mittlere Lebensdauer hat.

Die Geschlechtsthätigkeit zeigt sich nur periodisch. Sie kann lange, ohne ausgeübt zu werden, ruhen. Magen und Gehirn dagegen können nur kurze Pausen in ihrer Thätigkeit ertragen, und mehr noch Lunge, Haut und Niere müssen fortwährend funktioniren, falls das Leben des Organismus nicht in Frage gestellt werden soll. Jedenfalls ist das wahr, dass der Wunsch die Geschlechtsthätigkeit in kürzeren Perioden auszuüben, ihre Funktion zu steigern und häufiger in Anspruch zu nehmen, unvermeidlich den Organismus aus seinem Gleichgewicht bringen und ihm schaden würde. Auf diesen kann sehr wohl verminderte, bisweilen vollständig geschwundene oder ausgelöschte Reproduktionsfähigkeit ohne jeden schädlichen Einfluss sein, während ein sehr heftiger Schaden entstehen kann mit störenden Folgen im ganzen Organismus und mit Erschöpfung des Nervensystems bis zur Ausbildung wahrer sexueller Neurasthenie, wenn die Geschlechtsthätigkeit übernormal verrichtet wird.

Man sieht hieraus, dass die Sexualfunktion für das Wohlbefinden und die vollkommene Funktionirung des Organismus nicht nöthig ist, wie wir bei der Hygiene und Therapie sehen werden. Oder besser gesagt, sie ist nicht unentbehrlich zur

Selbsterhaltung, und ihr Fehlen stellt das Leben des Organismus nicht in Frage.

Lokale materielle Läsionen bis zu einem gewissen Grade der Zeugungsorgane verursachen gewöhnlich keine so ausgesprochene und schwere Reflexsymptome, dass sie dem Individuum bewusst werden. Ueber diese Grenze hinaus aber bildet sich durch die Reflexthätigkeit ein allgemeines Schlechtbefinden in den wichtigsten Organen des ganzen Körpers heraus, nämlich eine echte sexuelle Neurasthenie. Sie ist begleitet von nervöser Dyspepsie, Konstipation und Diarrhoe, Gehirnhyperämie mit Kopfschmerz, Schlaflosigkeit, krankhafter Angst oder krankhaften Trieben, sodann von den verschiedenartigsten nervösen Störungen der Augen, des Gehörs, des Kehlkopfs und andrer niederer Reflexcentren.

Je kräftiger wie gesagt die Konstitution eines kranken Menschen ist, desto grösser ist der Widerstand, welchen seine Nerven dem Reize und den nervösen Einflüssen entgegensetzen. Desto längere Zeit müssen diese einwirken, um die Reflexthätigkeit in andern fernern Centren zu erregen. Desto begrenzter und weniger verändert sind die Reaktionsäusserungen, welche ihnen folgen. Dieser grössere Widerstand gegen nervöse Einflüsse und die geringere Neigung bei gesunden Individuen sich auszubreiten auf andere Reflexe und Körpertheile erklärt z. B. die Hartnäckigkeit und Andauer der schwersten Formen von männlicher Impotenz bei Individuen, die sonst gesund sind, im Gegensatz zu ihr bei nervösen und schwächlich gebauten Personen.

Bei sensiblen und nervösen Individuen werden Impulse und Reize aller Art so flüchtig erregt und vertheilt, und hierhin und dorthin durch die verschiedenen Körpertheile getrieben, dass eine ausschliesslich lokale Reaktion nicht möglich ist und der ganze Organismus in den verschiedenen Regionen im Verhältniss daran theil nimmt. Was nun bezüglich der Impotenz gesagt wurde, gilt auch für jede andere Störung der Genitalorgane, besonders für diejenigen krankhaften Zustände, welche früher oder später die Impotenz selbst verursachen können.

So hat Barrucco in dem reichen Ambulatorium von Finger und in dem von Neumann zu Wien unter der sehr grossen Zahl gonorrhoischer Harnröhrenentzündungen, die dort beobachtet wurden, immer feststellen können, dass die hartnäckigsten und langwierigsten Formen von Tripper, in der perakuten, akuten und subakuten Periode, sich immer bei Personen von kräftiger Konstitution zeigen. Bei schwächlichen und zarten Individuen dauerte dagegen der Prozess kurze Zeit, die Reaktionserscheinungen waren sehr wenig heftig, aber fast regelmässig entwickelte sich ein chronischer Zustand. Bei diesen Personen ist also der Uebergang ins chronische Stadium leicht. Und leicht breitet sich auch der gonorrhoische Prozess auf den hintern Theil der Harnröhre aus, eben in Folge des geringen Widerstandes der Nerveneinflüsse, welche die Reize sozusagen theils von der Krankheit nach andern entfernteren Punkten hinleiten, sowie ferner in Folge der schwachen Reaktion des ersten Heerdes, und in Folge der geringen Fruchtbarkeit des Bodens, auf welchem die Gonococcen nur kärglich gedeihen und sich nur in beschänktem Maasse fortpflanzen können.

Der Uebergang des gonorrhoischen Prozesses von dem vordern Theil der Harnröhre auf den hintern Abschnitt ist also bei schwachen, erschöpften, blutarmen und nervösen Personen leicht. Entzündungsreize erwecken eben bei ihnen in Folge des schwachen Widerstandes der sich verbreitenden nervösen Einflüsse aus leichten Erscheinungen reflektorische Reizzustände in den Nachbartheilen, von hier in dem hintern Theil der anstossenden Harnröhre, wo sie sich besonders auf den prostatischen Theil und auf die Vorsteherdrüse konzentriren, einem äusserst wichtigen Centrum, welches sehr viele Reflexverbindungen hat. Und gerade bei diesen Individuen, die zuerst an Gonorrhoe der vordern Harnröhre leiden, welche nachher von Entzündung des hintern Theiles der Harnröhre heimgesucht werden, die schliesslich auch die Prostata ergreift, und hier sich chronisch festsetzt, entwickelt sich später eine Reihe verschiedener und zahlreicher Reflexstörungen, welche die Symptomatologie der sexuellen Neurasthenie bilden.

Denken wir uns einen von Natur sehr zart und nervös beanlagten Menschen. Er wird geistig stark angestrengt und falsch erzogen. Er studiert eifrig und sucht sich über seine Fähigkeit, Kraft und Anlage hinaus fortzubilden. Durch Zusammentreffen einer schlechten Hygiene, einer mangelhaften Ernährung, und einer schlechten Ueberwachung durch seine Erzieher giebt er sich, verführt durch schlechte Kameraden, unmässig dem Laster der Onanie hin. Denken wir ferner, er werde in früher Jugend von einem typhösen Fieber befallen. Nach dessen Ueberwindung bleibt das Individuum für lange Zeit geschwächt. Später kommt es auf die Universität, nachdem die klassischen Studien gut absolviert sind. Als nunmehr freier Mann giebt es hier die gewohnte Geschlechtsbefriedigung auf, wirft sich aber dafür der Venus in die Arme. Die Folge ist, dass der junge Mann davon sehr bald die ersten Lorbeeren einheimst in Gestalt eines schweren Trippers, welcher anscheinend bald heilt. Aber bald nach neuen Excessen zeigt er sich in der chronischen Form wieder und lokalisiert sich auf den hintern Abschnitt der Harnröhre, ganz besonders auf den Abschnitt der Prostata.

Dieses Individuum hat eine Wahrscheinlichkeit von $99^0/_0$, früher oder später an sexueller Neurasthenie zu erkranken. Und thatsächlich ändert es allmählich seinen Charakter, wird reizbar, zum Zorn geneigt und mit der Zeit traurig verstimmt und menschenscheu. Seine geistigen Fähigkeiten erleiden eine deutliche Abschwächung. Es ist nicht mehr im Stande zu einem länger anhaltenden Studium. Sein Gedächtniss hat abgenommen. Dann entstehen sehr ausgeprägte Störungen im Verdauungsapparate in der Form der nervösen Dyspepsie, Konstipation abwechselnd mit Diarrhoe. Schliesslich kommen dazu Spermatorrhoe und Prostatorrhoe, Abnahme der Potenz bis zur vollständigen Impotenz in Folge fehlender Erektion und zusammen mit vielen anderen Störungen in der Geschlechtssphäre erscheinen die Symptome der psychischen Depression und Verdauungsstörung als besonders schwer.

Die schwächliche Konstitution des Individuums, die frühzeitige und intensive Anspannung seines Geistes, der Mangel einer guten Ernährung, die übermässig betriebene Onanie, das typhöse Fieber, die Excesse in venere, die chronische Entzündung des Prostatatheiles der Harnröhre sind ebenso viele sehr wichtige ursächliche Momente, ebenso viele charakteristische schädliche Ursachen der Neurasthenie. Deutlich zeigen sie deren Zerrüttung mit den vorherrschenden Symptomen im Gehirn, im Verdauungsapparate und besonders im Sexualapparate, d. h. in denjenigen Centren der Reflexthätigkeit, in welchen in Folge von frühzeitiger und abnormer Funktion, von organischem Reiz, von übertriebenen Schwächungen, und von interkurrenten Erkrankungen die nervöse Erschöpfung sich eben ganz besonders deutlich offenbaren muss.

Die Prostata, dies so kleine, einfache Organ, das so verborgen
im menschlichen Körper liegt und nur zu einer sekundären und
nebensächlichen Funktion bestimmt zu sein scheint, die wir noch
nicht ganz klar kennen, ist stets so wichtig für die Reflexe
andrer Nervencentren und zwar als Ursache und Wirkung, wie
es ähnlich Gehirn und Verdauungsapparat sind. Die Prostata
des Mannes ist wie der Uterus der Frau von grösster Wichtigkeit
bei der Entwicklung schwerer nervöser Störungen des ganzen
Körpers. Zwischen beiden Organen sowie dem Verdauungsapparate
und dem Gehirn besteht im Schlaf wie im Wachen ein beständiger
Nervenrapport. Wenn eines dieser Centren affizirt ist, reagiren
die andern beiden ebenfalls.

Ausser diesen 3 Hauptcentren der Reflexthätigkeit, Gehirn,
Verdauungsapparat, Prostata oder Uterus sind auch noch andere
benachbarte Centren sehr wichtig, nämlich Auge, Zähne, Rückenmark, Eichel des Penis, und Eierstöcke. Diese Nachbarcentren
sind so wichtig, dass ihr Affizirtsein sehr wohl die Ursache eines
krankhaften Zustandes sein kann, welcher in ähnlicher Weise auf
andere benachbarte oder entfernte wichtige Hauptorgane reflektirt.
Um also nicht in falsche diagnostische und therapeutische Schlüsse
zu gerathen, muss man wohl unterscheiden zwischen dem Organ,
welches mit seiner Affektion die wirkliche Krankheit bildet, und
jenem, welches nur Reflexcentrum ist, zwischen einer Funktionsstörung, welche das Symptom der primären Läsion ist, und
einer andern Funktionsstörung, welche das Symptom der sekundären Läsion ist. Sonst könnte man z. B. bei einem Neurastheniker das Auge behandeln wegen einer krankhaften Störung,
die es zeigt, oder eine Kastration der Eierstöcke vornehmen, weil
sie Schmerzen verursachen oder schliesslich eine Trepanation des
Schädels ausführen wegen lokalisirten und heftigen Kopfschmerzes,
der z. B. von krankhafter Angst oder krankhaftem Trieb begleitet
ist, während alle diese Veränderungen doch Folge der Reflexthätigkeit grösserer Centren, wie Uterus, oder Gehirn sind.

Die sexuelle Neurasthenie hat mehr als irgend eine andere
Form der Neurasthenie ihren Ursprung in einer lokalen, circum-
scripten wohl definierten Affektion. Aber ausser den lokalen
Störungen verursacht keine Form der Neurasthenie so viele und
verschiedene andre Krankheitsstörungen wie die sexuelle Neurasthenie. Deshalb kann sie viel weniger als andere Formen

wirklich isolirt bleiben. Bei ihrem Studium muss man sie stets in Beziehung zu verschiedenen andern Affektionen betrachten, die sich bald als näheres oder entferntes ursächliches Moment, bald als direkte oder indirekte Wirkung der sexuellen Erschöpfung, manchmal als begleitender Krankheitszustand und manchmal auch als hinderndes Moment zeigen.

Wir wollen die hauptsächlichsten und häufigsten dieser Krankheitsprozesse besprechen; jene, die häufiger direkt oder indirekt, näher oder ferner zur sexuellen Neurasthenie in Beziehung stehen, sowie einige pathologische Zustände und sexuelle Perversionen, abnorme Zustände, die in sehr enger Beziehung zu dem neurasthenischen Prozesse stehen.

Die in der alten und neuen Welt weit verbreitete Malaria zeigt sich oft mit der sexuellen Neurasthenie vereinigt. Sie verschlimmert dadurch deren Zustand. Sie entstellt und verwischt die wichtigsten Symptome und erschwert und komplizirt dadurch besonders die Behandlung. Malaria und sexuelle Neurasthenie können entweder gleichzeitig neben einander vorkommen oder miteinander abwechseln. Jene zeigt sich meist als Komplikation, manchmal als entfernte, prädisponirende Ursache oder als nächste Gelegenheitsursache.

Die Syphilis kann sich auch manchmal als Komplikation der Neurasthenie finden. Manchmal ist sie erstes ätiologisches Moment oder prädisponirende Ursache derselben. Der Eichelschanker, Bubonen, Schleimhautpapeln am After, Hodenentzündung, Gummata und andere Lokalaffektionen der Geschlechtsorgane und ihrer Nachbarschaft können sehr wohl einen neurasthenischen Zustand veranlassen. Sie führen ihn sicherlich herbei, wenn das Individuum schon durch irgend welche angeborene oder ererbte Reize und Erschöpfungsmomente prädisponirt ist. Besonders prädisponiren hierzu chronische Entzündung des Prostatatheiles der Harnröhre und Entzündung der Prostata. Immer findet man Syphilis als ursächliches Moment in einer sehr kleinen Zahl von Kranken. Häufiger zeigt sie sich als Komplikation. Und in diesen Fällen nimmt sie stets einen viel milderen Verlauf, gemäss dem gewohnten kompensatorischen Gesetz bei Individuen, bei denen die nervösen Einflüsse gegen die Molekularbewegung weniger Widerstand bieten.*)

---

*) Eine Anschauung, der wir uns nicht ganz anschliessen. Dr. W.

Manche Kranke lassen auch die Meinung aufkommen, dass die
Syphilis sich gleich jeder andern Krankheit gewissermassen als
ein Präventiv- und Gegenmittel gegen die Entwicklung der
sexuellen Neurasthenie verhält. Selten zeigt sich Blasenkatarh als Kausalmoment oder als
Komplikation der sexuellen Neurasthenie. Häufiger Urindrang und
Trübung des Urins durch schleimigen oder eitrigen Katarrh müssen
mehr auf Affektion des prostatischen Theiles der Harnröhre be-
zogen werden, da Blasenkatarrh sich fast immer zusammen mit
Harnröhrenentzündung in Form der gonorrhoischen Urethrocystitis
findet. Und bei diesem Anlass rügt Barrucco den gewöhnlichen
Irrthum der Ärzte, welche gleichmässig einen Blasenkatarrh
diagnostiziren, wo bei Untersuchung der Harnröhre, in Folge der
physischen, chemischen und mikroskopischen Kennzeichen, Eiter
oder schleimiger Eiter mit oder ohne andere Nebenprodukte der
Ausscheidung oder Neubildung gefunden werden. Noch mehr zu
verurtheilen ist in solchen Fällen die Verordnung. reichlich alkalische Mineralwasser zu trinken. Meistens handelt es sich um
chronische bulbo-membranöse Harnröhrenentzündung oder um
Prostataentzündung, oder auch um gonorrhoische Urethrocystitis,
wenn es sich nicht um Phosphaturie oder Bakteriurie handelt.
In all diesen Fällen macht der Brauch alkalisches Wasser zu
trinken, um die Acidität des Urins zu vermindern, den Boden
empfänglicher für die Vermehrung der Gonokokken und für
die Fortpflanzung des Katarrhs. Es wird dadurch also nur
der spezifische Prozess aufs unbestimmte verlängert und verschlimmert.

Der neurasthenische Zustand steht weiter in naher Beziehung
zur Obstipation, so dass viele Neurastheniker sich wohler fühlen
bei reger Darmthätigkeit, dagegen schlechter bei Darmträgheit.
Das erklärt sich aus der Reflexthätigkeit, die durch den Sympathicus vermittelt wird. Kothmassen, welche auf Prostata und
Uterus drücken bei Individuen, bei denen diese Organe sich schon
in einem Kongestivzustande befinden, reizen die Organe selbst
heftig und durch Reflexreiz auch den ganzen Organismus. In
ähnlicher Weise verursachen beständige Darmentleerungen in Folge
von chronischem Darmkatarrh mit Atonie eine Verschlechterung.
Diese ist bei dem neurasthenischen Zustande von Wichtigkeit,
nicht nur wegen der lokalen Erregung, welche Reflexreize in

andern mehr oder weniger entfernten Centren hervorrufen, sondern auch weil die Diarrhoe den Organismus erschöpft. Wie schon gesagt, darf man die Neurasthenie nicht mit der Hypochondrie verwechseln. Hypochondrie ist eine unbegründete Furcht vor Krankheit. Sie hängt nicht von einer wirklichen Affektion des Genitalsystems ab, wohl aber von Cirkulationsstörungen in dessen Gebiet. Hypochondrie, d. h. Befürchtung krank zu sein, äussert sich in verschiedener Weise und ist begleitet von psychischer Depression. Diese krankhafte in der Einbildung des Kranken bestehende Furcht gehört zu den verschiedenen Furchtzuständen vor Krankheit, Patophobien. Sie ist deshalb das Symptom einer andern Nervenkrankheit, und als solches auch oft Symptom der sexuellen Neurasthenie.

Der Begriff Hypochondrie wird viel zu häufig gebraucht, um eine Gruppe funktioneller Nervenkrankheiten zu bezeichnen, deren Diagnose mehr aus negativen Symptomen gestellt wird, bei denen der Arzt sich nicht leicht und sicher klinisch orientiren kann. Mit diesem Begriff werfen wir manch einen Symptomenkomplex in einen diagnostischen Topf, aus dem wir uns kein klares Bild machen können, und dessen Aufklärung eine lange und tiefe wissenschaftliche Untersuchung erfordern würde. Das ist fast stets in der Praxis nicht angängig. Der Begriff Hypochondrie könnte auf eine Gruppe von nervösen Symptomen angewendet werden, bei welchen die Furcht, an einer Krankheit zu leiden, die Besorgniss für die eigne Gesundheit, die Patophobie, vor allen andern konstant und charakteristisch hervorragt. Der echte Hypochonder ähnelt einem Menschen, der gefallen ist und keinen Fuss rühren kann, und den festen Glauben hat, sich den Knochen gebrochen zu haben, bis dass der Chirurg geholt wird und ihm versichert, dass es sich einfach um eine Luxation oder Kontusion handelt, worauf der Mann zu der Ueberzeugung gelangt, dass wirklich keine Fraktur besteht. Wenn jedoch zugleich mit der Patophobie ein organisches Leiden besteht, so handelt es sich nicht mehr um einfache Hypochondrie. Diese findet sich entweder vereint mit Neurasthenie, oder sie ist deren Folge, oder sie ist ihr bemerkenswerthestes subjektives Symptom.

Damit keine Begriffsverwirrung entsteht, und um strengwissenschaftlich die Sachen auseinander zu halten, muss man eine wahre Hypochondrie von einer Pseudo-Hypochondrie unterscheiden. Die wahre Hypochondrie als Krankheit sui generis ist selten. Wenn sie existirt, so unterscheidet sie sich nicht schwer von der falschen Hypochondrie oder symptomatischen Patophobie, die sehr häufig ist und sich an neurasthenische Zustände anschliesst und welche deshalb auch bei der sexuellen Neurasthenie vorkommt.

Die Einbildung eines Menschen, der einen Knochenbruch zu haben glaubt, den er nicht hat, ist vergleichbar der echten Hypochondrie oder idiopathischen Hypochondrie, bei welcher wie bei dem eingebildeten Knochenbruch, die Wahnidee sich leicht von der Vernunft und von dem Beweise der Existenz der Krankheit beherrschen lässt; aber bei der symptomatischen Hypochondrie lässt die Furcht vor der Krankheit sich in keiner Weise vertreiben. Denn sie ist, wenn auch übertrieben, doch nicht ganz unberechtigt, da sie theilweise von materiellen, subjektiv und objektiv wahrnehmbaren Affektionen abhängt.

Der Patient weiss in diesem Fall, ebensogut wie wir, dass seine Furcht grundlos oder wenigstens sehr übertrieben ist. Er möchte sich auch davon befreien, aber er kann es nicht. Im andern Fall dagegen glaubt der Patient fest, dass sein Uebel existirt, und er fühlt sich nicht davon erleichtert und beruhigt, trotzdem man ihm ernstlich und positiv erklärt und beweist, dass sein Leiden nur eingebildet ist.

Die gewöhnliche Form der Hypochondrie, nämlich mit der Neurasthenie verbundene Hypochondrie wird nur geheilt durch Heilung der Neurasthenie selbst. Denn die Wahnidee lässt sich nicht verscheuchen durch einen Vernunftschluss, sie wird vielmehr verschwinden mit der Krankheit, in Folge deren sie sich äussert. Die Krankheit aber wird nicht geheilt, indem man dem Kranken einfach erklärt, dass sein Leiden von Grund aus verschwunden sei, auch wenn diese Erklärung von dem berühmtesten Arzte abgegeben wird. Der Kranke verliert dadurch das Zutrauen zur Wissenschaft und zu dem Gelehrten, er verrennt sich immer mehr in seine Wahnidee und hält seinen Zustand für schwer erkennbar und für unheilbar.

Daher kommt es, dass in den meisten Fällen dieser sog. Hypochondrie, dieser Pseudo-Hypochondrie man nach einem genauen objektiven Krankenexamen immer einen krankhaften Zustand nachweisen kann. Diesen kann man dann als Grund der

Hypochondrie betrachten. So trifft man selten einen Fall von dieser Form der Hypochondrie an, bei dem die Verdauungsorgane und das Sexualsystem intakt sind.

Ein pathologischer Zustand, der von grossem Einfluss auf Besserung und Heilung vieler neurasthenischer Erscheinungen sowie auch auf Verschlimmerung und Einwurzeln desselben Leidens sein kann, ist besonders jener abnorme Zustand des menschlichen Organismus, welchen man bei prädisponirten, neuropathischen Personen hervorbringen kann und der unter dem Namen Hypnose bekannt ist. Der Einfluss der hypnotischen Suggestion auf die sexuelle Neurasthenie, diese theils nervöse, theils auf organischer Affektion beruhende Krankheit, ist immer von höchster wissenschaftlicher, praktischer und sozialer Bedeutung. Dieses Problem ist zum grossen Theil gelöst, seitdem der Hypnotismus in wissenschaftlicher Weise erforscht wird, seitdem die Suggestivtherapie durch die strengste Kritik für so wirksam erklärt worden ist, dass sie bei richtiger Anwendung eines der sichersten und mächtigsten Heilmittel bei einer recht grossen Zahl von Nervenkrankheiten darstellt.

Aber wie die hypnotische Suggestion in den Händen des kundigen, gewissenhaften und ehrenhaften Arztes ein ausgezeichnetes Hülfsmittel in der Behandlung neurasthenischer Formen und deshalb auch der sexuellen Neurasthenie darstellen kann, so würde sie in den Händen eines Unkundigen oder gar Verbrechers ein Mittel der Unmoralität werden und die schwersten physischen Krankheitszustände, und verhängnissvollsten Folgen für Geist und Körper des Individuums herbeiführen können. Wenn wir denken, dass das Gehirn bei dem hypnotisirten Individuum ein Automat wird, dass der Hypnotisirte unfähig ist zum Widerstande, dass sein Wille gelähmt und sogar aufgehoben ist, dass man bei der in diesen Zustand versetzten, ihres freien Urtheils beraubten Person eine Aenderung des Geistes, des Charakters, der Triebe hervorbringen kann, und dass diese Aenderungen sich im Wachzustande erhalten können, dass man auf solche Weise bei einem normalen Individuum einen ernsten Krankheitszustand hervorbringt, dann kann man die Schwere dieses Zustandes wohl begreifen, in welchem man von Hypnotisirten Handlungen begehen lassen kann, die gegen Ehre und Moral verstossen, wo man abnorme sexuelle Begierden verschwinden oder hervorrufen, und in prädisponirten Individuen

eine wirkliche und schwere sexuelle Neurasthenie entwickeln
kann, ohne dass dies Individuum damit einverstanden und dafür
verantwortlich ist!*)

Indem wir nun dazu übergehen die Beziehungen zu studiren,
welche die sexuelle Neurasthenie zu dem Irrsinn im Allgemeinen
haben kann, müssen wir feststellen, dass dieser krankhafte Zustand nicht nur nicht zum Irrsinn führt, sondern, dass er seine
Opfer vor dem Irrsinn mehr bewahrt als vor Alkoholismus und
Epilepsie.

Die Masturbation, eine der häufigsten und am deutlichsten
charakterisirten Ursachen der sexuellen Neurasthenie kann sehr
wohl, wenn viele Jahre lang übermässig getrieben, schliesslich
auch bei kräftigen Personen einen Zustand geistiger Erkrankung,
gewöhnlich der Melancholie herbeiführen. Aber dieses tritt nur
ausnahmsweise, nach übermässigem Missbrauch und bei prädisponirten Individuen ein. Es ist eine bekannte Thatsache, dass
in Zuchthäusern, in Gefängnissen etc., wo viel onanirt wird, verschiedene Formen geistiger Störungen vorkommen. Man muss
jedoch bedenken, dass es sich meist um zu Geisteskrankheiten
disponirte Individuen handelt, welche schon Beweise ihres perversen Charakters, abnormer Geistesrichtung, krankhafter Triebe
und moralischer Decadence gegeben haben. Auch könnte das Laster
der Onanie vielmehr Wirkung als Ursache der beginnenden Geisteskrankheit, oder auch gemeinsam mit der sexuellen Neurasthenie
eine Gelegenheitsursache sein. Deshalb muss bei Verbrechern
gefragt werden, ob der unüberwindbare Trieb, unaufhörlich zu
onaniren, mehr als Folgeerscheinung einer schon bestehenden
Geisteskrankheit, als ätiologisches Moment derselben zu betrachten
ist. In solchen Fällen zeigt sich die Geisteskrankheit vor Allem
in der stufenweisen Abnahme des ethischen Gefühls und in dem
Fehlen der Achtung vor sich selbst bis zur vollständigen Ver-
nichtung des geistigen Lebens.

In schweren, glücklicherweise sehr seltenen Fällen von
sexueller Neurasthenie kann sich eine Geisteskrankheit entwickeln
unter der Form der Melancholie. Und wenn später solche

---

*) Unsere Auffassungen in Deutschland von der Hypnose weichen
bezüglich dieser suggerirten Verbrechen und Krankheiten von den Ansichten
des italienischen Autors ab. Dr. W.

Individuen von ihrer Melancholie wieder genesen, so fallen sie von neuem in ihren neurasthenischen Zustand. Viele Neurastheniker haben daher krankhafte Furcht vor der Geisteskrankheit, welche andern krankhaften Furchtformen analog ist.

Ein höherer Grad von Nervenleiden wird manchmal durch sexuelle Neurasthenie, häufiger durch Hysterie, Epilepsie, Alkoholismus etc. hervorgebracht. Er steht auf der Grenze der geistigen Störung und zeigt sich unter der Form der Störung der Gesellschaftsordnung, d. h. in vielen Streitigkeiten mit Verwandten, Bekannten, Freunden, Eltern. Das kann als Folge der nervösen Reizbarkeit zurückgeblieben sein. Diese Neurastheniker stehen so hart an der Grenze der Geisteskrankheit, dass man oft nachforschen muss, ob sie nicht schon eine Stufe dieser selbst sind, und ob es nicht nöthig ist, sie zu interniren.

Die nervöse Reizbarkeit dieser schwerkranken sexuellen Neurastheniker, deren Symptome und psychischen Aeusserungen von Aufgeblasenheit, Unüberlegtheit, Unbedachtsamkeit, Ungeduld, Zorn, Stimmungswechsel und Charakterveränderung leicht in Depression und Melancholie übergehen können, wird bei vielen leicht für Zeichen von Irrsinn gehalten. Solche Neurastheniker sprechen häufig vom Selbstmord. Sie führen ihn aber niemals aus, weil sie noch unter der Herrschaft des ethischen Gefühls stehen. Andererseits sind sie ruhiger Ueberlegung fähig, schliessen Kontrakte, können ihren Arbeiten und Geschäften obliegen, sind sich ihrer Krankheit wohl bewusst und können hier und da krankhaften Impulsen Widerstand leisten, obgleich sie sich krankhaften Angstzuständen nicht immer entziehen können. Ihr Gedächtniss kann sich wohl geschwächt zeigen, wie in allen Fällen von sexueller Neurasthenie, aber es wird sich niemals eine solche Schwäche finden, wie bei der Gehirnerweichung.

Was für Beziehungen hat die sexuelle Neurasthenie zur Epilepsie? Manche Kranke mit sexueller Neurasthenie könnten auf den ersten Blick für Epileptiker gehalten werden. Sie haben wie die Epileptiker stark erweiterte Pupillen, die prompt auf Licht reagiren. Und sie selbst fürchten beständig, epileptisch zu werden, während gerade die Neurasthenie beständig vor Epilepsie schützt. Die Epilepsie, welche sich gewöhnlich nicht bei sehr nervenstarken Personen zu zeigen pflegt, zeigt sich noch weniger bei jenen, deren Nervensystem ganz und gar geschwächt ist, bei nervösen, vollständig erschöpften Kranken. Deshalb findet sich die Epilepsie fast niemals bei Neurasthenikern, und selbst hochgradige Neurasthenie führt niemals zu Epilepsie; beide Krankheitsgebiete liegen weit auseinander.

Epilepsie kommt vor und wird beobachtet zu allen Zeiten und in allen Gegenden, unter Wilden und Halbwilden, bei ungebildeten und gebildeten Völkern. Sie unterscheidet sich dadurch von der Neurasthenie, dem ausschliesslichen Erbe der civilisirten Völker. Epilepsie war im grauen Alterthum und viele tausend Jahre bekannt, bevor die verfeinerte Kultur unsers Jahrhunderts die allgemeine Nervosität entwickelte, von der die Neurasthenie eine häufige, wichtige und charakteristische Form darstellt.

Aehnlich der Epilepsie steht auch die Neuralgie in deutlichem Gegensatz zur Neurasthenie im Allgemeinen und zur sexuellen Neurasthenie im besonderen. Personen, welche an sexueller Neurasthenie leiden, sind zu hinfällig, zu entnervt, als dass sich in ihnen eine so typische Nervenkrankheit wie die Neuralgie entwickeln könnte. Diese setzt einen bestimmten Grad von Nervenkraft im Organismus voraus. Die Nerven müssen grossen innern Widerstand besitzen, um für sich allein zu reagiren und den Reflexreiz nicht auf andere entferntere Organe fortzupflanzen, eine Bedingung, welche bei der Neurasthenie fehlt, ja vielmehr gerade als Gegensatz vorhanden ist. In der That hat die klinische Erfahrung gezeigt, dass die Neurastheniker selten an schmerzhaftem Tic, an Magenkrampf, an Gesichtsneuralgie, an neuralgischen Schmerzen in andern umschriebenen Gebieten leiden. Jemand, der sexuelle Neurasthenie hat, leidet nur an unbestimmten diffusen, flüchtigen Schmerzen, eigentlich mehr an unbequemen, flüchtigen Empfindungen mit veränderlichem Sitz, welche nichts mit wahrer Neuralgie gemein haben.

Eine besondere Form von periodischer Manie, die sog. Dipsomanie, d. h. unwiderstehlicher Drang zu übermässigem Alkoholgenuss, findet sich manchmal im Verein mit sexueller Neurasthenie als Aeusserung einer extremsten Erscheinung derselben in schweren Fällen. Beim Neurastheniker kann die Dipsomanie manchmal künstlich grossgezogen sein durch das Bedürfniss, unangenehme sensible Empfindungen im Rausch zu ersticken, noch häufiger durch jenes Bedürfniss, moralische Seelenschmerzen im Rausch zu vergessen, für welche der neurasthenische Zustand selbst eine reiche Quelle ist, und ganz besonders durch die alkoholische Anregung Lebensfähigkeit und männliche Kraft wiederzuerlangen, wenn auch vorübergehend und für kurze Dauer, welche durch die sexuelle Neurasthenie geschwächt und zerstört ist. Der Neurastheniker sucht sich manchmal mit Alkohol zu behandeln und zu heilen, und doch ruinirt er sich damit, indem er sich dadurch an den Rand einer der schwersten Formen geistiger Störung bringt.

Bestimmte Krankheitsformen, welche besondere Störungen der materiellen Veränderung bilden und nach einigen Autoren gleichsam als Resultate funktioneller Störungen, besonders der Leber (Murchison, Charcot) betrachtet werden können, d. h. Gicht, Phosphaturie und Oxalurie, können Symptome und Komplikationen der sexuellen Neurasthenie sein. Manche Neurastheniker, besonders in Ländern, wo Gicht eine häufige Krankheit ist, wie in England, können leicht für Gichtiker gehalten werden. Das wird noch durch den Umstand, dass fast alle Neurastheniker mehr oder weniger an harnsaurer Diathese leiden, begünstigt.

Murchison beschrieb diese Form der funktionellen Leberkrankheit mit beträchtlicher Vermehrung der Harnsäure unter dem Namen Litaemie, wofür Flint zuerst die Bezeichnung Cricaemie gebraucht hatte. Das beweist, wie manchmal in Folge von Veränderung der Leberfunktion, hervorgerufen durch Störungen des Verdauungskanals und in Folge direkter oder reflektorischer Einwirkung vom Nervensystem, die Urate, Phosphate und Oxalate sich vermehren, sich in grosser Menge im Organismus anhäufen und im Urin ausscheiden, wodurch jene krankhaften Zustände entstehen, die unter den Namen Litaemie, Phosphaturie und Oxalurie bekannt sind. Solche Krankheitszustände finden sich oft bei der sexuellen Neurasthenie und stellen oft ein wichtiges Symptom derselben dar, bei welcher aber die Funktionen des Verdauungssystems und des Nervensystems fast immer alterirt sind.

Auch die Anämie kann sich mit sexueller Neurasthenie vereint finden. Aber sie zeigt sich meistens bei einem neurasthenischen Individuum vollständig unabhängig von der Neurasthenie, also als zufällige Komplikation. Die sexuelle Neurasthenie kommt nicht selten bei keineswegs anämischen, manchmal sogar äusserst kräftigen Personen vor, welche trotz ihres nervösen Schwächezustandes und beständigen Leidens schwierige und fortgesetzte Muskelarbeit verrichten können. Anämie begleitet also sehr selten diesen krankhaften Prozess. Und findet sie sich mit ihm vereinigt, so ist sie meistens die Folge von mangelhafter Ernährung wegen der begleitenden Funktionsstörungen des Magens und Darms.

Ausser den erwähnten Krankheiten und pathologischen Zuständen muss nothwendig noch über eine andere Reihe physiopathologischer Störungen gesprochen werden, welche in die Sphäre des Geschlechtsapparates gehören, nämlich von den Verirrungen des Geschlechtstriebs, der Perversion des Geschlechtssinns. Sie sind für uns von sehr hohem Interesse, wenn wir sie in Beziehung zu der sexuellen Neurasthenie betrachten. Sie zeigen sich bald als wichtige ursächliche Momente derselben, bald als Wirkung und bald als physio-pathologische Begleiterscheinung. Diese Perversionen sind die Nymphomanie, die Erotomanie, die Satyriasis und der Priapismus.

Die Nymphomanie ist ein abnormer Sexualtriebbeim Weibe, welcher sich gewöhnlich mit maniakalischer Erregung und mit örtlichen Krämpfen beim Anblick männlicher Personen, manchmal auch nur eines männlichen Körpertheils, zeigt. Nymphomanische Weiber führen gewöhnlich obscöne Reden und haben ein lascives Benehmen, welches mit ihrem Betragen im normalen Zustande kontrastirt. Manchmal werden diese Kranken von Selbstmordgedanken geplagt.

Die Erotomanie ist ein abnormer Geisteszustand, bei welchem die Ideen des Kranken, ohne dass lokal die geschlechtliche Erregung durch irgend einen Anblick hervorgerufen wird, stets und nur durch den Gegenstand des eignen erotischen Gedankens erregt werden. Solche Personen haben Hallucinationen: und den Kranken fehlt die völlige Einsicht in ihren krankhaften Zustand. Die Nymphomanie beruht auf lokalen, die Erotomanie auf psychischen Erregungen.

· Mit Satyriasis bezeichnet man den abnorm gesteigerten Geschlechtstrieb bei Personen männlichen Geschlechts, begleitet von Hallucinationen erotischen Inhaltes, von Anfällen hochgradig gesteigerter sinnlicher Begier und von unersättlichem Geschlechtstrieb und der Sucht, sich Individuen weiblichen Geschlechts manchmal auch weiblichen Thieren, zu nähern und begleitet von häufigen Ejakulationen. Solche Personen sind an ihren obscönen Reden und lascivem Gebahren erkenntlich. Manchmal haben sie Selbstmordideen. Die Satyriasis ist beim Manne das, was die Nymphomanie beim Weibe.

Der Priapismus könnte besser als ein Zustand der verlängerten Erektionsfähigkeit des Penis bezeichnet werden. Die Erektionen wiederholen sich in kurzen Zwischenräumen, auch nach Befriedigung des Geschlechtstriebes, ohne dass aber Hallucinationen, Anfälle von sexueller Begierde und unersättlicher Geilheit und andern hochgradigen psychischen und sensorischen Störungen wie bei der Satyriasis dabei sind.

Solche Arten der abnormen Geschlechtslust stehen mit der sexuellen Neurasthenie oft in Beziehung. Aber man trifft sie niemals in den ersten Stadien derselben an, sondern in den vorgeschrittenen Stadien, wenn schon deutliche Störungen in andern Reflexcentren, besonders dem Gehirn und Rückenmark, vorausgegangen sind. Entspringend aus der lokalen Affektion des Sexualapparates, besonders der Prostata, werden sie ihrerseits wieder die Ursache von neuen rückläufigen Reflexen nach demselben Sexualcentrum hin. Dadurch werden neue, manchmal thatsächlich ganz andere und sehr schwere Störungen erregt, in der Form gesteigerter Willensimpulse oder abnormer Erregung im Gebiete der Geschlechtsorgane.

Deshalb muss in allen diesen Formen von Steigerung des Geschlechtstriebs die letzte Ursache eher in psychischen Störungen gesucht werden, als in lokalen Affektionen, während diese blos als entfernt prädisponirende Ursachen wirken würden. Die Satyriasis und Nymphomanie stehen klinisch auf demselben Niveau wie die Monomanie, der Alkoholismus und die echte Hysterie, und können zusammen mit sexueller Neurasthenie vorkommen.

Die beschriebenen Formen sind krankhafte Auswüchse des Geschlechtstriebs, Steigerungen desselben. Aber es giebt andere pathologische Zustände, welche sich bald als Unterdrückungen, bald als wirkliche Verirrungen des Geschlechtstriebs, als wahre Perversion zeigen. Bei den ersteren handelt es sich um eine krankhafte Schädigung des Geschlechtstriebs, und die letzte Ursache beruht meist in psychischen Störungen. Bei diesen andern Formen handelt es sich um Verirrung des Zeugungstriebs, um wahre Perversionen des Sexualtriebs, deren letzte Ursache auf Lokalaffektionen beruht.

Eine Art der Perversion des Geschlechtstriebs in der Form von Unterdrückung desselben, ist auch unter dem Namen skythische Krankheit bekannt. Sie war schon im Alterthum bekannt und befindet sich in Moreaus Werke: „Des aberrations du sens génésique" beschrieben. Es wird von Völkerstämmen im Kaukasus erzählt, welche, ehe sie ins eigentliche Mannesalter eintreten, die Zeichen der Mannbarkeit verlieren. Es fallen ihnen die Barthaare aus, ihre Stimme verliert ihre Tiefe und Höhe, die Geschlechtsorgane atrophiren, ihr Geschlechtstrieb schwindet allmählich, die Muskelkraft und geistige Energie werden geringer und schliesslich nehmen diese Menschen weibische Art und Gewohnheiten an und verrichten auch weibische Arbeiten. Dieser krankhafte Zustand ist schon von Herodot und Hippokrates beschrieben.

Nach Herodot war diese Krankheit eine Strafe, die von den Göttern den Skythen auferlegt wäre, weil sie den Tempel zu Askalon geplündert hatten. Hippokrates erzählt, dass solche impotente Skythen Anandri genannt wurden, und dass diese Krankheit sich bei ihnen entwickelte in Folge des übermässigen und ununterbrochenen Reitens ohne Sattel. Nach Allemand würde sie hervorgebracht sein durch profuse und beständige Samenverluste in Folge des beständigen Reitens.

Dr. Hammond beobachtete zuerst, auch in Neu-Mexiko bei den Indianern Personen, welche wie die skythischen Anandri weibliche Charaktere annahmen. Sie heissen Mujerados. Sie haben einen dicken Bauch, gut entwickelte Brüste, wohlgerundete und weiche Extremitäten, unvollkommen entwickelte Geschlechtsorgane, eine feine, hohe und kreischende Stimme, und es fehlen ihnen die Schamhaare. Bei jeder Gruppe des indianischen Volksstammes findet sich ein Mujerado. Sie haben die wichtigen religiösen geheimen Uebungen und Ceremonien zu versehen. Es wird gewöhnlich ein sehr starker Mann ausgesucht und zum Mujerado bestimmt. Durch häufiges Masturbiren und durch fast beständiges Reiten auf ungesattelten Pferden und lange Zeit hindurch wird auf die Geschlechtsorgane dieser Individuen ein beständiger Reiz ausgeübt, welcher zu Spermatorrhoe führt. Die Genitalien leiden durch diese fortwährende Funktionssteigerung

in ihrer Ernährung. Sie werden nach und nach kleiner und
schliesslich geht der Sexualtrieb und die männliche Potenz gänzlich
verloren, ohne dass sich jedoch sexuelle Neurasthenie herausbildet.

Zusammen mit den lokalen zeigen sich auch allgemeine Veränderungen in der Psyche. Die Mujerados kleiden sich weibisch
und verrichten weibische Arbeiten in derselben Weise, wie die
früher erwähnten Skythen. Sie verlieren ihren ursprünglichen
Charakter, ihren Mannesmuth und bei denjenigen, welche Weiber
und Kinder haben, schwindet nach und nach die Liebe und das
Interesse für ihre Familie. Der Mujerado wird von dem Indianer-
stamm geehrt. Mit ihm verhandeln fast allein die Weiber. Der
Unterschied zwischen den Mujerados und den skythischen Anandri
besteht darin, dass bei diesen jener Zustand von Aenderung des
Geschlechtstriebs und der sexuellen Fähigkeit vollständig zufällig,
sozusagen fast natürlich ist, indem er sich allmählich durch die
Gewohnheit immer und lange Zeit auf nicht gesattelten Pferden
zu reiten entwickelt, während bei dem Indianerstamme es sich um
eine absichtlich herbeigeführte Art Kastration in Folge von reli-
giösem Brauch handelt.

Ausser diesem abnormen und geänderten Zustande des Geschlechtstriebes giebt es andere Verirrungen, nämlich die wahre
Perversion des Geschlechtstriebs, welche eine Gruppe
abnormer Geisteszustände umfasst, bei denen man als Haupt-
erscheinungen sekundäre spezielle perverse Sexualtriebe beobachtet.
Diese Fälle sind am häufigsten. Aber sie werden selten Gegenstand ärztlichen Studiums. Sie kommen nur dann in ärztliche
Beobachtung, wenn die Krankheit einen sehr hohen Grad erreicht
hat, gerade so, wie es der Fall ist bei der Opiumsucht, Morphinis-
mus und chronischem Alkoholismus. Der Neurastheniker über-
schreitet fast immer in seiner Thätigkeit die normale Grenze.
Ihm fehlt das Gleichgewicht und das rechte Maass der sensitiven
Empfindungen. Er ist ferner unbeständig. Er ermüdet leicht
durch das, was natürlich und gut ist. Die gewöhnlichen Freuden
locken ihn nicht mehr. Er geht auf die Suche nach neuen,
fremden und unnatürlichen Freuden, die er sich auf die ver-
schiedenste Weise zu verschaffen sucht. Es geht ihm wie einem
Dyspeptiker, der nahrhaften, milden, leichten Speisen weniger

nahrhafte, scharfe, schwer verdauliche Speisen vorzieht, und zwar so, dass sie ihm oft Uebelkeit und Ekel erregen.

Die un vollständige Impotenz, welche sexuellen Excessen folgt, erfordert immer neue und stärkere Reize zum Zustandekommen von Erektionen, geradeso, wie der Dyspeptische für seine Speisen eine Menge Küchenkunst nöthig hat und sie mit vielem Gewürz versetzt, um seinen Appetit zu reizen. Gerade wie bei diesem sich allmählich die krankhafte Angewöhnung eines perversen Geschmacks herausbildet, so entwickelt sich beim Neurastheniker der krankhafte Zustand eines perversen Geschlechtssinns.

Hieraus erklären sich viele Thatsachen. So befriedigte ein Mann seinen Geschlechtstrieb nicht auf natürliche Weise oder durch Masturbation, sondern nur dadurch, dass er bei einem andern durch Masturbation Samenverluste hervorrief. Diese spezielle Krankheit nahm bei ihm einen solchen, fast an Manie grenzenden Grad an, dass er sich schliesslich entschloss, einen Spezialisten zu konsultiren, der bei ihm die ganz klassische Form der chronischen Entzündung des Prostatatheiles der Harnröhre und der Prostata selbst fand.

Es liesse sich noch vieles hierüber sagen, aber da wir zu Aerzten sprechen, so brauchen wir auf weitere Einzelheiten der verschiedenen Formen der sexuellen Perversion nicht einzugehen, welche die moderne Civilisation, bei allem ihr schuldigen Respekt, hervorgebracht hat.

Bei diesen Personen mit perversem Geschlechtstrieb findet man fast immer einen Zustand physischer und geistiger Schwäche, und wenn es sich um sehr nervöse und reizbare Personen handelt, ist bei ihnen dieser allgemeine Schwächezustand sehr hochgradig. Die Perversion selbst nimmt dabei eine andere Form an. Während diese Personen zuerst sexuelle Befriedigung in der Onanie oder in anderen naturwidrigen Excessen aller Arten suchen, enden sie schliesslich damit, dass sie die sogenannte psychische oder geistige Onanie treiben.

Die Individuen, welche am leichtesten den sexuellen Perversionen unterworfen sind, sind Hysterische und Neuropathen im Allgemeinen, sowie jene, welche leichter psychisch affizirt werden, als an örtlichen Affektionen leiden. Phlegmatische Personen mit kräftigen Nerven dagegen, die sich stets in gutem seelischem

Gleichgewicht befinden, die mehr physisch als geistig arbeiten, können wohl in dem normalen, niemals aber im perversen sexuellen Verkehr Ausschweifungen begehen.

Soviel man über Wesen und Ursachen der sexuellen Neurasthenie weiss und aus der Beobachtung von wilden, halbcivilisirten Völkern und von Negern im Vergleich mit civilisirten Völkern und im Vergleich von körperlich arbeitenden Volksklassen mit solchen, welche mehr geistig arbeiten, kennt, lässt sich mit Sicherheit feststellen, dass die ersteren sehr selten oder fast niemals in so hohem Grade sexuellen Excessen und Perversionen ergeben sind, wie Individuen von zarterer Organisation, welche in dem Milieu der grossen Civilisationscentren leben. Dr. Boteler, der als Arzt häufig mit den Indianern in Berührung kam, erzählt, dass die Jünglinge der Indianerstämme gewöhnlich niemals masturbiren, und dass gewöhnlich vor dem Heirathen die Indianer sehr selten sexuelle Excesse verüben.

Man kann sich leicht vorstellen, wie sexuelle Excesse oder Perversionen den schädlichsten Einfluss auf den Organismus ausüben und in engster Beziehung als Ursache und Wirkung zur sexuellen Neurasthenie stehen. Die excessive, delirirende, maniakalische Uebererregung, welche bei den unanständigen, erkünstelten und häufig rohen Ausübungen der Masturbanten, Onanisten, Päderasten, Sodomiten, Tribaden und ähnlichen Individuen entsteht, bringt direkt einen Zustand fortwährend hochgradiger Congestion in den Geschlechtsorganen, besonders in dem prostatischen Theile der Harnröhre bei dem Manne hervor, welche ihrerseits wieder die Ursache von Prostatorrhoe, Spermatorrhoe und Halbimpotenz ist. Sie erweckt in andern Reflexcentren zahlreiche funktionelle Störungen, besonders im Gehirn, und führt unfehlbar zur sexuellen Neurasthenie.

Von dem grossen, unberechenbaren Schaden, welchen das Laster der Masturbation hervorbringt, besonders wenn sie sehr frühzeitig und übertrieben ausgeübt worden ist, soll nicht weiter gesprochen werden. Dagegen liegt eine der schädlichsten Ursachen der sexuellen Excesse in der leidigen Gewohnheit, die von sehr vielen geübt wird, wiederholt den Akt des C o i t u s z u u n t e r - b r e c h e n, um das Wollustgefühl zu verlängern, oder ihn abzubrechen in dem Augenblick, wo die Samenergiessung eintritt, sowie schliesslich das h ä u f i g e W i e d e r h o l e n d e s Coitus in kurzen Unterbrechungen und mehrere Male innerhalb 24 Stunden und selbst in sehr kurzen Zwischenräumen und auf die mannigfachste Weise aus thörichter Eitelkeit eine Erektion zu erzwingen, ohne dass dazu wirkliches Bedürfniss und Neigung vorliegt. Noch schädlicher, ausserdem hässlich und widerlich ist die geschlechtliche Befriedigung vieler Lüstlinge, statt normal in der Vagina des Weibes, in anderen natürlichen Körperöffnungen. Oft werden übrigens diese hässlichen widernatürlichen Gepflogenheiten grausam gebüsst durch syphilitische oder venerische Ansteckung da, wo sie gar nicht erwartet war. Statt von den zahlreichen Beispielen syphilitischer Ansteckung durch den Coitus per os zu sprechen, sei daran erinnert, dass häufig auch der Coitus per anum Ursache der venerischen Infektion sein kann.

Indem wir uns nun zu den allgemeinen Wirkungen auf den Organismus und zu den Beziehungen zur sexuellen Neurasthenie wenden, müssen wir behaupten, dass, obgleich dieser naturwidrige Geschlechtsverkehr bei Personen von kräftiger Konstitution keinen offenbaren, nachweislichen Schaden hervorzubringen scheint, er doch sehr lange Zeit und wiederholt ausgeführt, hochgradige funktionelle Nervenstörungen hervorruft und leicht zur Neurasthenie führt, oder wenn diese schon besteht, deren Erscheinungen sehr viel verschlimmert.

Mit Ausnahme der ersten Gruppe der Steigerung des Sexualtriebes, bei welcher es sich manchmal um psychische Störungen handelt, handelt es sich bei allen andern sexuellen Perversionen nicht um geistige Störungen, weil die Einsicht in den eigenen Zustand durchaus und vollkommen besteht. Aber es giebt doch hochgradige sexuelle Perversionen bei Personen, die der Geisteskrankheit sehr nahe sind oder sich schon in deren Bereich befinden, welche die eigene Persönlichkeit verkennen, sich für Personen des anderen Geschlechts halten, und sich in ihrer Kleidung, Aufführung, und Sexualtrieb wie solche benehmen. In solchen Fällen hat man es mit einem schweren originär-psychopathischen Zustande zu thun, der nicht leicht zu heilen ist.

Die sexuellen Perversionen, welche noch unter der Herrschaft und Macht des freien Willens stehen, wenngleich dieser sich in falscher Richtung bewegt, gehören zur zweiten, schon beschriebenen Kategorie. Zu dieser gehören vielfältige

Varietäten und dem Grade, ihrem Wesen und der Form nach verschiedene Unterarten der sexuellen Perversion. So beobachtet man häufig sexuelle Perversionen und abnorme sexuelle Empfindungen in Fällen, welche mit den Skythen und Mujerados verglichen werden können. Dabei besteht häufig Neigung zu passiven Gewohnheiten, manchmal nicht.

Manchen Menschen ist diese Perversion angeboren, vielleicht angeerbt. Bei andern stellt sie sich in der Pubertätszeit ein. Sie ist bald die Folge von Atrophie oder angeborener oder erworbener Anomalie der Genitalien, welche die naturgemässe Ausübung der Geschlechtsthätigkeit hindern, bald die Folge von sexueller Erschöpfung in Folge von Missbrauch durch Masturbation und Coitus mit folgender Impotenz, manchmal künstlich geübt, um die verlorene männliche Kraft wieder zu beleben, andermal als ein Mittel zur Befriedigung einer unersättlichen krankhaften Begierde nach fleischlichen Handlungen, welche trotz der verlornen Funktionsfähigkeit des Kopulationsorgans noch lebhaft und heftig besteht. In allen diesen Fällen ist die sexuelle Neurasthenie das traurige Ziel, zu welchem der erschöpfte und gestörte Organismus bestimmt ist.

Dieser perverse Geschlechtstrieb kann manchmal auf die psychische Sphäre beschränkt bleiben und sich als krankhafte Neigung äussern zur platonischen Liebe gegen Personen desselben Geschlechts, mit gleichzeitigem Gefühl von Abneigung und Hass gegen das andere Geschlecht. Diese fehlerhafte Geistesrichtung, welche gewöhnlich durch schwere neuropathisch angeborene oder erworbene Störung hervorgerufen ist, kann sehr wohl von krankhaften Zuständen der Geschlechtsorgane abhängen und ein nicht seltenes Symptom der sexuellen Neurasthenie bilden.

Wie stellt sich diese Anomalie des Geschlechtstriebs, Verirrung des Geschlechtssinns und Perversion der natürlichen Neigungen im Genitalapparate dar?

Wenn man solche Anomalien nur bei Personen ohne Bildung und Erziehung und unter wilden Völkern anträfe, die vom ästhetischen Gefühl nur soviel besitzen, als ihnen die Natur verliehen hat, ohne dass dieses durch Kultur und Kunst bereichert und vervollkommnet ist, dann könnte man wohl dem Fehlen der moralischen Erziehung Schuld geben für diese Art von Abwesenheit der natürlichen Empfindung, welche gleichzeitig das ästhetische

Gefühl ist. Aber nun begegnet man solchen krankhaften Instinkten leichter im Mittelstande und nicht selten in der höheren Gesellschaft, ohne Ausnahme des Ranges und der Intelligenz, bei Leuten, welchen sicherlich gesunde Grundsätze beim Suchen nach der Wahrheit, eine gute Erziehung zu strenger Moral und eine verfeinerte Bildung des ästhetischen Gefühls nicht fehlen werden. Dies würde unerklärlich sein, wenn wir uns abquälten mit überflüssigen Fragen über Moral und nicht bedenken würden, dass solche Individuen krank sind sowohl in der psychischen als auch der sexuellen Sphäre, dass das moralische Gefühl bei ihnen durch krankhafte organische Erregungen beherrscht wird, gegen welche die Person nicht ankämpfen kann, wie sie sich auch der lokalen Krankheit selbst nicht entziehen kann, welche diese sensorischen Perversionen bedingt, und dass das ästhetische Gefühl gegenüber der unwiderstehlichen Kraft des krankhaften Triebes erloschen ist.

Wenn man diese Personen als krank betrachtete, und sich bestrebte, die Ursache ihres perversen Triebes, ihrer perversen Empfindungen zu heilen; wenn die Geistlichen, zu welchen ein grosses Kontingent solcher Kranken kommt, und die das Glück haben, tief in die Mysterien und Geheimnisse von so vielem Unglück eingeweiht zu werden, das Wesen derartiger krankhaften Zustände kennen würden, so würden sie deren Wichtigkeit für die Wissenschaft und Therapie beurtheilen können, und anstatt ihnen nutzlose Gebote und Rathschläge zu ertheilen, würden sie die Kranken ermahnen, ärztliche Hülfe aufzusuchen. Wie viel Vortheil würde davon die Gesellschaft haben. Wie viel Unglückliche weniger würden übrig bleiben unheilbar von ihren perversen Trieben, welche häufig das edelste Geschöpf in eine Bestie verwandeln.

Die Psychologie des perversen Geschlechtstriebs fasst sich kurz zusammen in dem Naturgesetz, dass jeder Reiz nothwendig eine Reaktion hervorbringt. Daher zieht die excessive Ausübung einer Funktion einen Zustand nach sich, welcher dem normalen entgegengesetzt ist, d. h. die Perversion. Die Dyspepsie z. B. hervorgerufen durch Unregelmässigkeit im Essen und Trinken macht sich nicht selten durch fortwährendes Verlangen nach unverdaulichen und widerwärtigen Substanzen bemerkbar, wie man häufig in Fällen von Bleichsucht und Hysterie beobachtet. So erklärt sich, wie der Zustand nervöser sexueller Erschöpfung, die die Folge von Excessen in venere oder übermässiger Masturbation oder von angeborenen oder erworbenen Affektionen eines Theiles des Genitalapparates ist, oft eine Gleichgültigkeit gegen das andere Geschlecht und Abneigung gegen normalen sexuellen Verkehr bedingt.

Personen beider Geschlechter, welche seit lange und übermässig onaniren, empfinden anfangs wenig, später fast keine Neigung zum andern Geschlecht. Der Gedanke an normalen sexuellen Verkehr macht sie allmählich furchtsam, bis endlich jeder Wunsch nach einer natürlichen Umarmung erlischt, während dafür allmählich die Perversion des Geschlechtstriebs entstehen kann. Und wie die Onanie kann auch selbst ein übermässiger Missbrauch des normalen Geschlechtsverkehrs zuerst Indifferenz, später Abneigung zwischen Personen beider Geschlechter hervorbringen, die durch Freundschaft miteinander verbunden sind, ja sogar auch zwischen Ehegatten, welche seit langem ihre Leidenschaften übermässig befriedigt haben, indem schliesslich der eine von dem andern nichts mehr wissen will. So werden sie unglücklich in ihrem ehelichen Leben.

Kurz in beiden Fällen haben wir es mit einer Steigerung der Willensimpulse zu thun, mit einer Zunahme des physiologischen Verlangens, mit einer vermehrten Thätigkeit des Trieblebens, welches verglichen werden kann mit gewissen Formen von Dyspepsie bei manchen Magenaffektionen. Diese führt zuerst zu beständigem krankhaften gesteigerten Bedürfniss zu essen, dann zur Appetitlosigkeit, darauf zur Perversion des Geschmacks, mit dem Wunsch nach unverdaulichen, widerlichen Speisen, und schliesslich in schweren Formen nach Dingen, die gar nicht zu essen sind. Ebenso würde auch im sexuellen Gebiete ein krankhafter Zustand der Geschlechtsorgane zuerst zu Excessen durch Onanie, oder durch normalen Coitus, darauf stufenweise zur Verminderung, dem Fehlen, der Abneigung gegen natürlichen sexuellen Verkehr und schliesslich zur Ersetzung desselben durch abnorme Gelüste und Perversion bei denselben führen. Also Excess, Indifferenz, Abneigung, sexuelle Perversion sind die verschiedenen Stadien einer der wichtigsten Symptomgruppen der sexuellen Neurasthenie, nämlich der sexuellen Perversion.

Die sexuelle Perversion ist nicht angeboren, aber es kann

die Neigung zur Perversion selbst auch in Folge von erblicher
Disposition angeboren sein. Die Fälle dieser Art offenbaren sich
in klassischer Weise. Häufiger ist Masturbation das warnende Vorstadium der
letzteren Katastrophe. Dieser folgt eine leichte Verletzlichkeit
der Harnröhre. Wenn in dieser ein gonorrhoischer Prozess auftritt, folgt ihm bald sexuelle Schwäche, welche direkt zum Fortschreiten des infektiösen Prozesses auf den hinteren Theil der
Harnröhre disponirt. Dort bildet sich Entzündung des hinteren
Theils der Harnröhre, hauptsächlich lokalisiert auf die Prostata
mit Prostatorrhoe, Spermatorrhoe und Impotenz. Zu diesen lokalen
Störungen kommen dann krankhafte Reflexsymptome des Magens
und Gehirns, also alle jene psychischen und sensorischen,
direkten und reflektorischen Störungen, welche das Individuum
schon als an sexueller Neurasthenie leidend kennzeichnen.

Ursachen der sexuellen Neurasthenie.

Beim Besprechen des Wesens der Neurasthenie im Allgemeinen und der sexuellen Neurasthenie im Besondern wurde schon vieles über deren Aetiologie vorgebracht. Unter den entfernt prädisponirenden Ursachen wurden manche krankhaften Zustände besprochen, wie Malaria und Syphilis, welche, obwohl sie meistens Komplikationen des neurasthenischen Prozesses sind, doch andrerseits als wirkliches entferntes ätiologisches Moment selbst zu betrachten sind. In ähnlicher Weise wurde gelegentlich des Sprechens über den Hypnotismus gezeigt, wie dieser einerseits weise angewendet eines der sichersten und werthvollsten therapeutischen Heilmittel bei psychischen und sensorischen nervösen Reflexstörungen und auch bei dieser Form von Nervenkrankheit darstellen kann, andrerseits aber auch ein äusserst gefährliches und schädliches Mittel bilden und ein sehr schweres ursächliches Moment wegen der Schädigung des moralischen Gefühls in Folge der Willenlosigkeit sein kann. Schliesslich wurde auch mancherlei über die Masturbation gesagt, die wir als eine der nächsten und entfernt prädisponirenden Ursachen, und sehr wichtige Gelegenheitsursache zum Zustandekommen dieser Form von Neurasthenie kennen lernten. Besonders haben wir viel über den perversen Geschlechtstrieb gesagt, und lernten ihn kennen nicht nur als Wirkung oder Begleitsymptom des Krankheitsprozesses, sondern auch als eine Entwicklungsursache desselben, so in Folge des starken permanenten Reizzustands, der durch ihn auf die Genitalien ausgeübt wird, und durch die grosse lokale und allgemeine Nervenerschöpfung, die darauf folgt.

Jetzt wollen wir über einige pathologisch-anatomische Zustände sprechen, welche sich als nächste direkte, sehr deutliche, klassische und fast k o n s t a n t e Ursache dieser nervösen Affektion des Genitalapparates darstellen.

Es sei wiederholt, was schon verschiedene Male gesagt ist, dass ein gonorrhoischer Prozess in dem hintern Theile der Harnröhre und zwar eigentlich mehr die chronische Entzündung des Prostatatheiles der Harnröhre das gewöhnlichste, häufigste, wenn nicht einzigste Kausalmoment darstellt, wenn auch dem weniger erfahrenen Arzte und mehr noch dem Laien ein solcher Prozess fast immer vollständig entgeht, und wenn auch die Folgesymptome selbst, Prostatorrhoe, Spermatorrhoe, Impotenz, die vom nämlichen pathologischen Prozesse abhängen, und bei demselben Kranken als wahre und einzige Ursache der hinzugekommenen nervösen Erschöpfung erscheinen, selten als Wirkung der Lokalaffektion erkannt werden. Weil diese Aetiologie von grösster Wichtigkeit ist und fast alle allgemeinen und lokalen Störungen dieser Form von Neurasthenie erklärt, so muss sie ausführlich abgehandelt werden, um so mehr, als Kenntnisse über die chronische Harnröhrenentzündung des prostatischen Theiles Ergebniss der neuesten und speziellen Forschungen sind und deshalb nicht jedem bekannt sein dürften. Man findet auch nicht leicht eine klare und genaue Beschreibung derselben in den gewöhnlichen Abhandlungen über Chirurgie und über Geschlechtskrankheiten.

Man weiss jetzt, dass der Verlauf der chronischen Harnröhrenentzündung des prostatischen Theiles in vielen Fällen latent bleibt, da bei ihr das einzige Produkt der veralteten Formen, die gonorrhoischen Fasern, welche auf der Schleimhaut des prostatischen Theiles abgelagert sind, mit dem ersten Urinstrahl ausgeschieden werden. Man glaubt es mit einer gewöhnlichen Entzündung des vorderen Theiles der Harnröhre zu thun zu haben. Und doch besitzt die chronische Urethrits prostatica einige Verschiedenheiten im Symptomenkomplex der chronischen hinteren Harnröhrenentzündung, welche nicht selten den Sitz des Prozesses erkennen lassen. Vor allem ist in den frischen Formen zunächst es werthvoll, wenn sich eine Schleimabsonderung mit gonorrhoischen Fasern findet. Wenn diese Absonderung des schleimigen Sekrets besonders Nachts statt hat, wo nicht selten die Anhäufung beträchtlich ist, so entleert es sich in die Blase, besonders wenn der Urin den prostatischen Abschnitt anfüllt.

Dadurch wird die zweite Hälfte des Urins getrübt, also diejenige, welche in der Harnblase enthalten ist.

Deshalb spricht für eine chronische Entzündung des prostatischen Theiles eine Trübung, und zwar um so charakteristischer, je leichter sie ist, welche sich in beiden Portionen des Morgenurins zeigt, während Fäden dagegen nur in der ersten Urinportion vorhanden sind. Die Trübung macht den Eindruck, als wenn das Glas, welches den Urin enthält, sich beschlägt. Die Schleimhaut des prostatischen Theiles ist reich an Drüsen, von denen viele sich ähnlich wie die Prostata verhalten. Sie ergiessen ihr Sekret in die Winkel des Caput gallinaginis. Wenn nun der Entzündungsprozess, wie immer geschieht, sich auf sie ausbreitet, so werden die Drüsenausführungsgänge verstopft durch Schleimanhäufung, Eiter und Epithel. Es bilden sich Pfropfen hieraus, welche wie kleine Stäbchen aussehen. Während die Fasern auf der Oberfläche der Schleimhaut abgelagert sind, sitzen diese Pfröpfe tief und sind so fest angeheftet, dass sie nicht mit dem ersten Urinstrahl ausgeschieden werden, sondern nur gelockert werden durch Muskelkontraktionen des Musc. compressor des membranösen Theiles und des Sphincter externus, welcher die Blase schliesst und den letzten Tropfen Urin hinausdrückt. Hierbei kommen sie heraus und finden sich deshalb nur in der zweiten Portion des Urins. In manchen Fällen sind diese Muskelkontraktionen zu schwach oder treten zu spät ein. Dann kann mit den letzten Tropfen Urin von diesen Pfröpfen nur ein ziemlich kleiner Theil im Vergleich zu dem im Harnröhrenkanal befindlichen herausbefördert werden. Daher lässt Barrucco beim Auffangen des Urins des zweiten Glases das Uriniren zu wiederholtenmalen unterbrechen, indem er so starke Kontraktionen des Sphincters ausführen lässt, dass das Uriniren aufhört. Die Kontraktionen bringen die letzten Tropfen heraus. Mit dieser Methode kann man immer den Abgang einer grösseren Menge dieser hakenförmigen oder stäbchenförmigen Fasern nachweisen.

Es spricht in Folge dessen auch für chronische Entzündung des prostatischen Harnröhrentheiles, wenn man in einer zweiten Urinportion des Morgens eine leichte schleimige Trübung findet, oder auch wenn man bei am Tage klar bleibendem Urin Häkchen (Fürbringer) oder gonorrhoische Fasern in Form von Stäbchen findet.

4*

Wenn der chronische Entzündungsprozess des prostatischen Theiles auf die Schleimhaut begrenzt ist, pflegt er meistens lokal subjektiv keine Erscheinungen zu machen. Aber wesentlich verschieden und wichtiger ist der Prozess, wenn die Entzündung durch die Schleimhaut dringt und auf die tieferen Theile übergreift. Die Harnröhrenschleimhaut verdeckt hier ein sehr umfangreiches Organ, welches sehr reich an Nerven und Drüsen ist, das in enger Beziehung zu den Sexualorganen steht und welches seiner Entwicklung nach und wegen seiner Wichtigkeit in gewissem Sinne mit dem Uterus des Weibes verglichen werden darf, während seine Muskulatur ganz eng zum uropoetischen System gehört. Dieses Organ ist die Prostata.

Die Ausdehnung und die Dauer des chronischen entzündlichen Prozesses ruft zuerst an dem Caput gallinaginis und an den kleinen Drüsen der Prostata, nachher in der Prostata selbst, eine schwere Form von chronischer Harnröhrenentzündung hervor mit den verschiedenartigsten Reizäusserungen, sowohl hinsichtlich der Urinsekretion, als auch in dem Gebiete des Genitalapparates und des Nervensystems.

Als Störung der Urinsekretion stellt sich die Strangurie dar. Während sie sich in manchen Fällen als bisweilen vermehrter Harndrang äussert, indem sie dem Kranken das Gefühl giebt, als wenn die Kapazität seiner Blase vermindert wäre, macht in andern Fällen dagegen diese Empfindung von vermehrtem Urindrang sich stärker nach andern Funktionen, besonders während der Stuhlentleerung, bemerkbar und namentlich, wenn harte Kothmassen hinter der Prostata vorbeipassiren und hier einen starken Druck ausüben. Dadurch bekommen die Kranken schwere und heftige Strangurie bei der Harnentleerung. Dieser Zwang hört nach Entleerung des Darms und der Harnblase nicht auf. Er dauert, bis sich wieder Urin in der Blase ansammelt. Nach dessen Entleerung folgt ein wenig Ruhe, aber bald darauf kehrt der Reiz wieder ebenso stark zurück wie vorher. Das wiederholt sich verschiedene Male. In andern Fällen sind die Kranken gezwungen, verschiedene Male in kurzen Pausen nach einander zu uriniren, bevor der starke Reiz aufhört. Dasselbe kann entstehen, wenn man von hinten mit dem Finger auf die Prostata drückt bei der Untersuchung vom Mastdarm aus.

Während dieser Reiz bei manchen Personen während der Stuhlentleerung oder unabhängig von ihr entsteht, zeigt sich bei andern Kranken nach dem Coitus oder nach unwillkürlichen Pollutionen eine quälende Strangurie als ein nicht heftiger, aber sehr lästiger Drang zum Uriniren.

Hierzu kommen noch einige sehr wichtige und charakteristische Reizäusserungen in dem sexuellen Gebiete. Die Kranken klagen oft, dass die Wollustempfindung während der Ausübung des Coitus bei ihnen geschwunden ist. Oder sie klagen über einen mehr oder weniger heftigen punktförmigen Schmerz in dem tieferen Theile der Harnröhre oder des Intestinums, welcher im Augenblick der Ejaculation auftritt. Sehr häufig ist auch jene Form der Impotenz, welche man als reizbare Schwäche bezeichnen könnte. Sie besteht darin, dass die Kranken genügende Erektionen mit hinreichend genügender sexueller Erregung haben, aber es kommt zu frühzeitigen Samenergüssen bis zur Ejaculatio ante-portas oder gleich schnell zu Beginn des Coitus. Die Erektion hört darauf sofort auf, und es braucht sehr lange Zeit, bevor sie von neuem eintritt. Die Kranken haben deshalb nicht nur keine Befriedigung mehr beim Coitus, sondern können auch den Wünschen des weiblichen Teiles nicht gerecht werden. Häufig werden solche Personen zu ihrem grossen Unglück auch noch gequält von Pollutionen, die manchmal wöchentlich auftreten, nicht selten mehr als einmal in derselben Nacht, und bei ihnen einen Zustand von grosser allgemeiner Schwäche hervorrufen.

Zu diesen Reizäusserungen kommen im späteren Verlauf der Krankheit noch Erscheinungen von Lähmung und Halblähmung in dem Gebiet der Geschlechtsorgane. Vor allem fehlt es den Erektionen an Kraft. Sie stellen sich seltener und schwächer ein. Der Coitus dauert vom Anfang an bis zum Moment der Ejaculation ungebührlich lange. Diese Erscheinungen sind aufzufassen als Anaesthesie der Genitalien und als nervöse Erschöpfung. Sie führen zur vollständigen Impotenz, welche nach den Beobachtungen Fürbringers in Folge von chronischer Gonorrhoe der Prostata in 51 von 100 Fällen auftritt.

In einem späteren Stadium werden die Kranken sehr ängstlich und beunruhigt; klagen häufig über Samenfluss, weil bei erschwertem Stuhlgang aus der Harnröhre eine trübe, dicke, schleimige Flüssigkeit abgesondert wird, die sie für Sperma halten. Dasselbe Sekret erhält man auch, wenn man bei der Untersuchung mit dem Finger vom Mastdarm aus auf die Prostata drückt. Die mikroskopische Untersuchung ergiebt nun, dass dies Sekret vom Sperma verschieden ist. Es ist ein katarrhalisches Produkt der prostatischen Drüse. Und man muss aus ihm auf das Bestehen einer Prostatorrhoe schliessen.

Andere Personen leiden wirklich an Samenfluss. Dieser kann indessen latent bleiben. Nicht selten finden sich in dem Urin der Kranken, die an chronischer Harnröhrenentzündung leiden, Spermatozoen. Ebenso finden sie sich auch gemischt mit dem Produkt bei Spermatorrhoe, aber ihre Menge ist sehr gering. In andern Fällen endlich sondern die Kranken sowohl während der Stuhlentlehrung, als während der Urinentleerung grosse Mengen Sperma ab. Dann besteht Defaecations-spermatorrhoe und Minctionsspermatorrhoe. Fürbringer betrachtet diese Samenverluste als Wirkungen der Schwäche und Erschlaffung der Ausführungsgänge durch den Verlust des Nervmuskel-Tonus in Folge von chronischer Gonorrhoe. Wegen dieser Erschlaffung kann die Entleerung der Samenbläschen durch die Bauchpresse erfolgen. Fürbringer beobachtete in einem Fall von chronischer Harnröhrenentzündung bei einem 30 jährigen Mann starke Defaecations-Spermatorrhoe mit bewegungslosen Spermatozoen (Necrospermia), gleichzeitig mit absoluter Impotenz.

Fürbringer zeigte 1886, dass die Spermatozoen in den Samenbläschen keine Bewegung haben, und dass nur der Zutritt des normalen Prostatasekrets sie aus ihrem latenten Leben erweckt und ihnen die Bewegungsfähigkeit verleiht. Diese Beobachtung wurde von Finger bestätigt. Aber nach diesem Forscher giebt es eine andere wahrscheinliche Ursache des Todes der Spermatozoen. Während nämlich das normale Prostatasekret sauer ist, kann in Folge von Beimischung von Eiter die saure Reaktion neutral und nach Burkart auch alkalisch werden. Dadurch kann sehr wohl ein so verändertes Prostatasekret auf die Lebensfähigkeit der Spermatozoen Einfluss ausüben. Auf solche Weise kann eine chronische Urethritis prostatica nicht nur die Ursache der Impotentia coeundi, sondern auch der Impotentia generandi werden.

Schliesslich ist der chronische Entzündungsprozess am Caput

gallinaginis, einem so ausserordentlich nervenreichen Organ, von einer Reihe von nervösen Störungen in der Form der Reizung und Erschöpfung begleitet, welche, wie wir schon wissen, die sexuelle Neurasthenie bilden. Hierher gehören die schon erwähnten funktionellen sexuellen Störungen und eine grosse Menge nervöser Störungen, manche lokaler Natur, andere vom Rückenmark, Gehirn und den Verdauungsorganen ausgehend, welche wir zum Theil schon kennen, die wir aber genauer und eingehender in dem folgenden Kapitel studiren wollen, wo wir von der Symptomatologie der sexuellen Neurasthenie sprechen.

Für einen gesunden Mann ist die willkürliche Samenentleerung, wie sie auf natürliche Weise beim Akte des Coitus vor sich geht, nothwendig zum physischen und moralischen Wohlbefinden des Individuums. Dieses angeborne Bedürfniss dient nicht nur zur Befriedigung des Geschlechtstriebes, sondern zur Erhaltung der Art.

Wie oft ein gesunder Mann ohne Schaden zu nehmen der Venus opfern kann, das lässt sich nicht ziffermässig feststellen; denn das hängt von der Individualität, Konstitution, dem Ernährungszustande, Charakter, Nervensystem etc. ab. Sogar gesunde Individuen können sich so verschieden verhalten, dass sich bei manchen schon deutliche Störungen zeigen, wenn sie bloss einmal in der Woche den Coitus ausüben, während andere es ohne Schaden mehrmals thun dürfen. Wenn daher oft kein gesundheitlicher Schaden bei Individuen zu beobachten ist, welche häufig coitiren, so werden andrerseits Personen, welche aus irgend einer Ursache an nächtlichen Pollutionen leiden, nach kurzer Zeit von Kopfschmerz, Schlaflosigkeit, Appetitlosigkeit, geistiger Depression, allgemeiner Hinfälligkeit befallen. Dies beweist alles deutlich, dass der Organismus durch excessiv vermehrte und abnorme Samenverluste stark leidet.

Die Pollutionen, welche häufig die Ursache nervöser Gemüthsverstimmung sind, können ihrerseits auch deren Folge sein. Deshalb können alle erschöpfenden Fieber, Dyspepsie, Hirn- und Rückenmarksleiden, verschiedene Formen von Anämie, der Rekonvalescenzzustand von schweren Krankheiten u. s. w. eine Art temporärer sexueller Störung hervorrufen unter dem Bilde der Spermatorrhoe. Kaum dass diese aufgehört hat, so hat der Kranke auch seine Gesundheit und Kraft wieder erlangt.

Häufig nach gewöhnlicher Meinung verhalten sich die Samenverluste bei einem Neurastheniker wie Nasenbluten und profuse Menstruation bei einem bleichsüchtigen Weibe. Während diese Dinge häufig als Folge von Blutüberfluss und grossem Lebensüberfluss aufgefasst werden, sind sie in Wirklichkeit viel häufiger die Folge lokaler Schwäche und allgemeiner Erschöpfung als die Folge von Erkrankung des Genitalapparates. Daraus folgt die sehr wichtige Thatsache, dass die häufigen Samenverluste bald ein Symptom resp. Folge allgemeiner Schwäche sein können, und bald die Ursache lokaler und allgemeiner Erschöpfung. Damit erweisen sie sich als zu den wichtigsten Charakteren der sexuellen Neurasthenie gehörig und als ein sehr häufiges ätiologisches Moment derselben. Andererseits hängen sie oftmals von der chronischen Entzündung des prostatischen Theiles der Harnröhre ab, welche immer das wichtigste ursächliche Moment des neurasthenischen Prozesses bildet. Aber sie können auch von andern lokalen Reizursachen des Genitalapparates abhängen.

Von den lokalen Reizen, welche sehr häufig die Prostatorrhoe hervorrufen können, wurde ausführlich bei der Beschreibung der Krankheit der Skythen und Mujerados und bei der Abhandlung des perversen Geschlechtstriebs gesprochen. Manchmal können die sexuellen Perversionen prädisponirende Ursache sein für die nächste Veranlassung der sexuellen Neurasthenie, insofern sie die Ursachen der Vulnerabilität der Harnröhre abgeben können, so dass in dieser sich leicht ein gonorrhoischer Prozess entwickelt, welcher fast beständig auf die hintere Harnröhre übergreift, wo er chronisch wird.

Andrerseits trifft man häufiger sexuelle Perversionen in den vorgeschrittenen Stadien der sexuellen Neurasthenie und als deren Wirkung, wenn schon deutliche Störungen in andern nervösen Centren, besonders in Gehirn und Rückenmark vorhergegangen sind. Eine Ausnahme macht die Masturbation, welche immer einen sehr mächtigen und häufigen pathologischen Zustand in der Aetiologie der Neurasthenie bildet, bald als Ursache der Schwäche, der Vulnerabilität der Harnröhrenschleimheit, der Prädisposition zu den gonorrhoischen Prozessen der Harnröhre und dem folgenden Uebergreifen auf die Prostata, bald als direkte dauernde Ursache der chronischen Urethritis den Krankheitszustand zu verschlimmern, seine Heilung zu hindern, schnelle und starke lokale Erregungen hervorzurufen, und den Organismus rasch der sexuellen Neurasthenie zuzutreiben.

Wenn der Betreffende ein erschöpfter Masturbant ist seit seiner Kindheit, dann lässt er nicht nur von dem hässlichen Laster während der Zeitdauer der chronischen Urethritis prostatica nicht ab, eine Zeit, welche auch viele Jahre lang dauern kann, sondern treibt es im Gegentheile und zwar in Folge der lokalen und psychischen Ursachen noch mehr. Er thut es wegen lokaler Ursachen, weil nämlich der langsame Entzündungsprozess einen fortwährenden lokalen Kongestivzustand und eine beständige Erregung in den Sexualorganen unterhält, wodurch sehr starke und heftige Sexualtriebe ausgelöst werden. Aus psychischen Ursachen, weil auf Grund der Reaktion und Enthaltung im Gefolge der sexuellen Excesse, die Geschmacksverwirrung entsteht, eine Art sexueller Dyspepsie — sit venia verbo —, welche zu der Abneigung von der normalen Ausübung und zu der Perversion des Sexualtriebs führt. Diese letztere wird sehr häufig beim Mann beobachtet, kommt aber auch bei m Weibe viel häufiger vor, als man glaubt. Sie entspringt auch beim Weibe ursächlich aus einer beständigen Kongestion des Uterus oder der äusseren Genitalien in Folge eines chronischen gonorrhoischen Prozesses, der einen Zustand von Uebererregung bewirkt, welcher zur Onanie Anlass giebt, wenn Moral oder äussere Umstände die Befriedigung des gesteigerten Geschlechtstriebs durch Coitus verhindern, oder wenn der lokale Reiz derartig ist, dass er zur Perversion des Geschlechtstriebes führt.

Die zeitweise und übermässig ausgeübte Masturbation führt nach und nach einen Zustand sehr grosser Erschöpfung des Nervensystems im Allgemeinen und des Sexualapparates im Besondern herbei. Der Grad ihrer schädlichen Wirkung ist verschieden, je nachdem dieses Laster schon vor oder erst nach dem 20. Jahre geübt wird. Manchmal trifft man diese Angewöhnung schon bei kleinen Knaben von 4—6 Jahren. Hier wird es sehr oft durch die lascive Kinderfrau oder Wärterin veranlasst. Dieses Laster ist im Allgemeinen sehr verbreitet; seine Häufigkeit nimmt ab von den civilisirteren Völkern zu den ungebildeteren. In manchen Fällen ist es ein so hochgradiger pathologischer Zustand, dass es für sich allein genügenden Grund für eine sexuelle Er-

schöpfung mit sehr schweren Gehirnsymptomen darstellt; unter
diesen ist die Gedächtnissschwäche und beträchtliche Abnahme
der Intelligenz besonders häufig.

Es giebt noch einen andern krankhaften Zustand, welcher
direkt den natürlichen perversen sexuellen Excessen folgt. Er
begleitet fast immer die sexuelle Neurasthenie. Er stellt sich als
Ursache derselben und anderer zahlreicher Reflexstörungen dar,
nämlich die Impotenz. Die physiologische Impotenz
wurde schon erwähnt. Sie besteht als normaler Zustand beim
Manne und Weibe vor der Pubertät und im hohen Alter, weil
die Generations- und Produktionsfunktionen eine begrenzte Zeit
haben. Man unterscheidet sie beim Manne als Impotentia coeundi
und generandi und beim Weibe als impotentia generandi. Beim
Weibe datirt diese vor dem Eintritt der Menstruation und nach
der Menopause, also vor der Periode der Evolution und nach der
Periode der Involution.

Die männliche pathologische Impotenz, von der wir
sprechen wollen, zerfällt in verschiedene Arten. Man unterscheidet psychische Impotenz, Impotentia coeundi, Impotentia generandi und organische Impotenz. Hierzu
könnte man noch zwei weitere Formen, die toxische Impotenz
und die Impotenz in Folge elektrischer Misshandlung
fügen.

Die Impotenz ist manchmal nur die Aeusserung einer hypo-
chondrischen Wahnidee. Sie existirt nur in der Einbildung des
Individuums, und verschwindet fast immer im ehelichen Leben.
Es ist bekannt, wie manchmal verheirathete Männer, wenn sie
sich andern Weibern zu nähern suchen, sich vollständig impotent
fühlen. Dazu geben dann eben verschiedene Empfindungen Anlass. So die Furcht vor der Impotenz selbst im Verein mit Verletzung der Selbstachtung, die Furcht, sich eine venerische
Infektion oder Syphilis zu holen und viele andere psychische
Vorstellungen, welche in dem Augenblick die Thätigkeit der
vasomotorischen Nerven des Genitalapparats lähmen und zur zeitweisen psychischen Impotenz führen. Diese psychische Impotenz,
welche bei enthaltsamen Personen gegenüber fremden Weibern,
prostituirten oder nicht, öffentlichen oder privaten eintreten kann,
kommt aber auch nicht selten bei Lebemännern im eignen Ehe-
bett vor.

Die Furcht vor Impotenz bei gesunden Personen und bei völlig vorhandener sexueller Potenz ist das gerade Gegentheil von derjenigen Form, welche nicht selten bei wirklich impotenten Personen vorkommt, von denen Manche, die auf Grund einer psychischen Anomalie krankhaft eingebildet und lügenhaft sind, sich für übermässig potent ausgeben und sich dessen rühmen!

Bei neuropathischen Personen kann die leichteste Affektion der Genitalorgane oder auch nur der schwache Verdacht, dass eine existirt, besonders bei Jünglingen psychische Impotenz herbeiführen. Hier handelt es sich um eine hypochondrische Verstimmung, die durch sehr seltsame und verkehrte Vorstellungen über unheilbare Uebel und Störungen des Genitalsystems unterhalten wird.

Diese Vorstellungen rufen durch Beeinflussung des Sympathicus im Genitalapparate, im Verdauungsapparate und im Gehirn eine Veränderung in dem normalen Verhalten und eine Reaktion hervor. Wie Dyspepsie häufig geistige Depression hervorruft, so kann man sich auch vorstellen, wie eine harmlose Genitalaffektion den Geist und die Gefühle eines nervösen und hypochondrisch beanlagten Individuums in der Weise beherrschen kann, dass dies dahin kommt, sich für impotent zu halten, das Zutrauen zu sich selbst und jede Hoffnung auf Heilung verliert und sich den Grübeleien über sein Leiden und über eingebildete Folgen desselben hingiebt, indem es sie in seiner Phantasie riesig vergrössert.

Den neurasthenischen Zustand solcher Personen, welche sich aus sich selbst heraus für krank und impotent halten, und welche meistens dem Beamtenstande angehören, nicht aber dem Stande der Gelehrten, der Handwerker und niemals zur arbeitenden Klasse, begünstigt sehr jene Halbbildung, die oft weit gefährlicher als nützlich ist, und die sogenannte populärwissenschaftliche Literatur, welche sie ohne Kritik in ihrer Auswahl durchfliegen und in welcher sie niemals Wahres finden, sondern nur falsche Erklärungen und übertriebene Darstellungen der sexuellen Schwäche und ihrer Folgen.

Die Impotentia coeundi kommt bei Neurasthenie am gewöhnlichsten und häufigsten vor. Sie hat deshalb hier das grösste Interesse. Wir besprachen schon ihre nächsten und entfernten Ursachen, Masturbation, sexuelle Perversionen, chronische prostatische Harnröhrenentzündung, deren letzte Phase meistens schliesslich zur Entwicklung der sexuellen Neurasthenie führt.

Ausser in dem normalen und perversen sexuellen Missbrauch, und ausser in excessiver Masturbation können die Ursachen der Impotentia coeundi auch auf organischen Affektionen und Konstitutionskrankheiten beruhen, wie Diabetes, chronische Magendarmkrankheiten, chronische Nierenkrankheiten, sowie auch in einer Verzögerung der Entwicklung und in Affektionen der Genitalorgane, ohne dass äusserlich angeborene Defekte sichtbar sind. Sie können auch beruhen auf Affektionen der Hoden, Entwicklungshemmung derselben und Atrophie ihrer Drüsensubstanz, und auf Atrophie und Anästhesie des Penis.

Was auch die Ursache der Impotenz sei, sie kann partiell oder vollständig sein und in verschiedenen Graden auftreten: 1. als Schwäche und Verminderung des Willens und der männlichen Kraft; 2. als deutliche Abschwächung der sexuellen Kraft zugleich mit deutlicher Vermehrung des Sexualtriebes, welche Form manchmal die ersten Stadien von Rückenmarksaffektionen begleitet. Bei diesen beiden Arten von Impotenz sind die Ejaculationen beschleunigt und finden meistens ante portas vor der Immissio penis statt; 3. als vermehrte bis schliesslich vollkommene Schwäche der sexuellen Kraft zugleich mit Erhaltung des Sexualtriebes; 4. als deutliche Abschwächung bis vollständiges Erlöschen sowohl der sexuellen Kraft als auch des Sexualtriebes. Zu den Ursachen dieses vollständigen Absterbens des sexuellen Lebens gehören hauptsächlich die Hodenatrophie und die Atrophie des Penis.

Impotentia generandi besteht, wenn, obwohl Erektionen kräftig und leicht auftreten, die Ejaculationen bald fehlen, bald nur sehr schwach sind, oder das Ejaculat keine Spermatozoen enthält oder schliesslich, wenn den Spermatozoen die Bewegung fehlt, wodurch stets die erregende männliche Zeugungskraft sehr in Frage gestellt oder vollständig geschwunden ist. Die Impotentia generandi verursacht männliche Sterilität. Hinsichtlich der Beschaffenheit des Spermas kann diese abhängen davon, dass 1. das Sperma in der Ejaculationsflüssigkeit ganz fehlt — Aspermatismus; 2. dass nur äusserst wenig Sperma in dem Ejaculat vorhanden ist — Oligospermie; 3. dass im Samen die Spermatozoen fehlen — Azoospermie; 4. dass die Spermatozoen im Samen ihre aktive Beweglichkeit verloren haben — Nekrospermie. — Hierzu würde noch eine andere Varietät kommen, die dadurch charakterisirt ist, dass es beim Akte des Coitus nicht zur Ejaculation kommt. Diese Varietät wird mit Unrecht auch als Aspermatismus bezeichnet. Sie ist natürlich direkte Ursache der impotentia generandi.

Dieses Fehlen der Ejaculation kann manchmal abhängen von anormalen psychischen Vorgängen, von schlechter Innervation und abnormer Reflexeinwirkung auf die Genitalien, die durch Onanie, venerische Excesse oder angeborene Neuropathie bedingt ist. In diesen Fällen kann das absolute Fehlen der Ejaculation beim Coitusakte auch bei Individuen auftreten, welche während des Schlafes häufige und reichliche Pollutionen haben. Viel häufiger andererseits hängt dieses Fehlen der Ejaculationen von Hindernissen in den dafür bestimmten Ausführungsgängen oder in der Harnröhre ab. Die Ausführungsgänge können komprimiert sein durch entzündliche Schwellung der Prostata in Folge des chronischen gonorrhoischen Prozesses der hinteren Harnröhre, wodurch der Ausfluss des Samens durch die Harnröhre gehindert werden kann.

Eine Striktur der Harnröhre kann bei erschlafftem Penis den Ausfluss des Urins sehr wohl gestatten, während diese Striktur bei erigirtem Penis in Folge von Anschwellung der Schwellkörper und Hyperämie der Schleimhaut·so sehr die Harnröhre verengert, dass dadurch die Ejaculation des Spermas gehindert wird. Deshalb wird dies entweder nicht nach auswärts befördert oder es fliesst in die Blase zurück. In demjenigen Fall kann das Sperma auch direkt in Folge von Anomalie der Prostata in die Blase gestossen werden, wenn nämlich die Ausführungsgänge der Prostata eine anormale anatomische Richtung haben. Das wird auch dadurch bewiesen, dass das Individuum nach dem nicht befruchtenden Coitus Sperma mit dem Urin ausscheidet. Das Fehlen der Ejaculation kann auch die Folge mechanischer Hindernisse sein, z. B. von Bildung von Konkrementen in den Samenbläschen, sowie in Folge von Verödung der Ausführungsgänge, wenn sie bei dem seitlichen Steinschnitt verletzt sind oder in Folge von Spermatocystitis, d. h. Entzündung der Samenbläschen.

Der speziell sobenannte Aspermatismus ist charakterisirt

nicht durch absolutes Fehlen der Ejaculation, sondern durch
Fehlen von Sperma in der Ejaculationsflüssigkeit. Daher erfolgt
beim Coitus eine Ejaculation, aber diese enthält kein Sperma
und besteht fast gänzlich aus Prostatasekret. Grösstentheils können
dieselben Zustände, welche die Ejaculation im Allgemeinen hindern, die Ursache sein des Hindernisses für die Ejaculation des
Spermas oder für die Retention desselben. Sie können also in
gleicher Weise Oligospermie, Azoospermie und Nekrospermie verursachen. So geben derartige Ursachen die pathologisch-anatomischen Zustände der Hoden und Nebenhoden ab. So konnte
nach den Berichten von Gosselin, Godard, Liégeois und
Julien bei 85 Fällen von Nebenhodenentzündung, in 76 Fällen
Aspermatismus festgestellt werden; und 1887 fand Kehrer in 96
Fällen von männlicher Sterilität 29 Fälle von Azoospermie und
11 von Oligospermie, verursacht durch Entzündung des Nebenhodens und des Samenstrangs, Beobachtungen, welche Fürbringer 1890 bestätigen konnte. Es ist wichtig zu berücksichtigen,
dass bei einem pathologischem Prozess, welcher nur einen Hoden
oder Nebenhoden befällt, die potentia generandi vermöge des
andern gesunden Hodens erhalten bleibt und dass nur die doppelseitige anatomische Hodenaffektion die Ursache der Impotenz ist.

Die Azoospermie, d. h. das Fehlen von Spermatozoen im
Sperma, zeigt sich in Folge von Hodenerkrankung, wenn dessen
Drüsensubstanz derartig affiziert ist, dass sie keine Spermatozoen
mehr hervorbringt. Desgleichen tritt Azoospermie ein, wenn das
Hodensekret, sei es auch normal, nicht in die ejaculatorischen
Ausführungsgänge gelangt in Folge von Affektion des Nebenhodens und des Vas deferens. Fälle dieser letzteren Art beruhen
gewöhnlich auf gonorrhoischen Prozessen. Die Azoospermie andererseits wie auch die andern Varietäten der Ursachen der Impotenz
müssen abhängen von doppelseitiger Affektion der Hoden und
Nebenhoden. Die Azoospermie kann schliesslich auch vorübergehend in normalen Zuständen bei Personen vorkommen, welche
übermässig oft den Coitus ausgeübt haben.

Die Necrospermie ist sehr viel häufiger als man glaubt.
Und, wie schon beim Sprechen von der Prostatorrhoe, Spermatorrhoe
und Impotenz im Anfang dieses Kapitels gesagt wurde, besteht
der Tod der Spermatozoen, oder besser das Fehlen ihrer Lebensfähigkeit, jedesmal, wenn die Prostataflüssigkeit anstatt sauer zu

sein, neutral oder alkalisch ist. Fürbringer hat bekanntlich gezeigt, dass die Spermatozoen keine Bewegung haben in den Samenbläschen, und dass der Zutritt vom normalen Prostatasekret zu ihnen sie aus ihrem latenten Leben erweckt und ihnen Bewegung verleiht. Wenn deshalb diese Flüssigkeit ihr chemisches Verhalten in Folge von pathologischen Vorgängen verändert hat, dann ist ihre Fähigkeit zu beleben, aufgehoben und dann haben auch in dem beim Coitus ergossenen Sperma die vorhandenen Spermatozoen keine Bewegung und sind deshalb unfähig zur Befruchtung.

Alle diese abnormen Zustände des Spermas, welche die Ursache der Impotentia generandi sind, hängen von pathologisch-anatomischen Veränderungen der Prostata, der Ausführungsgänge, der Hoden und Nebenhoden, besonders aber von Urethritis chronica prostatica profunda ab.

Andere Formen der männlichen Impotenz gehen unter dem Namen o r g a n i s c h e I m p o t e n z. Sie ist bedingt durch Abnormität oder pathologisch-anatomische Veränderung des Penis. Dadurch wird die Immissio penis sehr erschwert oder unmöglich und auch die Erektionen treten nur sehr selten und unvollständig ein. Eine sehr lange und enge Vorhaut, Harnröhrenverengerungen, Hypospadie, Varicocele, Elephantiasis des Penis und des Scrotums, Verkrümmung des Penis in Folge eines sehr kurzen Frenulums und in Folge von entstellenden Narben, Verknöcherung der Schwellkörper, Geschwülste des Penis, grosse Hydrocele und umfangreiche Scrotalhernien sind weitere Ursachen der organischen Impotenz.

Als t o x i s c h e I m p o t e n z wird jener Zustand von verminderter oder geschwundener männlichen Kraft, veranlasst durch medikamentöse Substanzen betrachtet, welche eine niederschlagende und besonders deprimirende Wirkung auf die sensiblen und motorischen Nerven des Genitalapparates haben, die schliesslich die sexuelle Erregbarkeit und den Geschlechtstrieb vollständig verschwinden lassen können. Die gewöhnlichsten dieser Substanzen sind: Bromkali, Bromnatrium und Bromammonium, Lupulin, Arsenik, Salicylsäure, Morphium, Belladonna, Schierling, Convallaria, Nitroglycerin. Sie werden meistens zu therapeutischen Zwecken verordnet. Aber in grossen Dosen und lange Zeit gebraucht, könnten sie die therapeutisch beabsichtigte zeitweise Impotenz in pathologische dauernde und unheilbare überführen.

Hier hält es Barrucco für geeignet, auch noch von einer Impotenz durch allzu starke elektrische Ströme zu sprechen. Barrucco hält zu starke elektrische Ströme für schädlich und glaubt, dass sie sexuelle Erschöpfung herbeiführen können, d. h. impotentia coeundi, während dagegen die Elektrizität ein sehr mächtiges und sehr wirksames Mittel darstellt, um dem Genitalorgan die geschwächte und verlorene Potenz wiederzugeben.

Zeitweilige Halbimpotenz kann nach Barrucco in Folge von starken und zu lang dauernden elektrischen Stromanwendungen verschlimmert und in vollständige und dauernde Impotenz umgewandelt werden. Dieses soll nach Barrucco — also in Italien - so gewöhnlich und häufig sein, dass derselbe eine Impotenz durch den elektrischen Strom analog der toxischen aufstellt.

Jedermann weiss, dass der Blitzschlag, der nicht tötet, hartnäckige und dauernde Lähmungen verursacht, und dass die Thorheit, ohne gute Isolatoren die Konduktoren einer Dynamomaschine zu berühren, den Tod in Folge des elektrischen Schlages herbeiführen kann. Kein Wunder also, wenn, vorausgesetzt die richtige Berücksichtigung der Verhältnisse, die Einwirkung eines starken auf die Genitalorgane lokalisirten Stromes die Ernährung und Molekularbewegung der Zellen der sensiblen und motorischen Nerven derartig verändern und zerstören kann, dass in kurzer Zeit Anaesthesie und Lähmung derselben und in Folge dessen Fehlen der Reaktion auf sexuelle Reize und Erregungen entsteht, also Impotenz in Folge ausbleibender Erektion. Barrucco hebt nun gleich hier hervor, was später bei der Therapie ausführlicher besprochen wird, dass, während die elektrische Behandlung mit richtiger Kenntniss und Mässigkeit angewendet und nicht empirisch, sondern mit genauen technischen und physiologischen Kenntnissen ausgeübt, in Fällen von hochgradiger Abschwächung der sexuellen Potenz eine sehr günstige Wirkung zeigt und von den glänzendsten Erfolgen gekrönt ist, sie dagegen empirisch angewendet und zu lange und mit zu starken Strömen, mit zu hoher Spannung, ohne Regel und ohne nöthige technische Vorkenntnisse fast immer von Misserfolgen begleitet ist und zur wirklichen vollständigen und dauernden Impotenz führt.

Barrucco will nicht unterlassen daran zu erinnern, dass kein gewissenhafter Arzt die Elektroden einer elektrischen Batterie auf die Genitalorgane, welches auch die Indikation sei, appliziren darf, wenn er sich nicht seiner Verantwortlichkeit vollbewusst und wenn er nicht in der Elektrotherapie durchaus bewandert ist. Unerfahrenheit und Verkehrtheit dieser Applikationen können sehr ungünstige Folgen und häufig nicht wieder gut zu machende Schädlichkeiten nach sich ziehen. Sehr häufig kommt es vor, dass Personen mit geringem Grade von Impotenz sich elektrischen Kuren unterziehen und sich nun sehr starke Induktionsströme appliziren lassen, natürlich nicht von Aerzten, sondern von irgend einem Laien, einem Freunde, Verwandten oder Krankenwärter, wie es gerade passt. Während sie nun so das fehlende Erektionsvermögen wieder zu erlangen glauben, verlieren sie dadurch vollständig und dauernd auch den letzten Rest der Potenz, den sie noch besassen!

Symptomatologie, Diagnose und Prognose der sexuellen Neurasthenie.

Aus allem, was bisher gesagt wurde, geht hervor, dass keine Krankheit des menschlichen Körpers eine so verschiedene und umfangreiche Symptomatologie besitzt, wie die sexuelle Neurasthenie, ausgenommen freilich jene proteusartige Neurose, die Hysterie, welche Rosenthal nennt: vollständige Anarchie des psychischen, motorischen, sensitiven und vasomotorischen Nervensystems.

Die Symptome der sexuellen Neurasthenie sind subjektive und objektive, lokale und allgemeine, direkte und reflektorische. Ein grosser Theil von ihnen beschränkt sich auf den Genitalapparat, ein andrer Theil erstreckt sich auf entferntere Apparate und Centren. Man hat selten Gelegenheit, die sexuelle Neurasthenie vom Anfang ihrer Entwicklung an zu beobachten. Meistens kommt der Neurastheniker zur ärztlichen Konsultation, wenn die Krankheit schon vorgeschritten ist, oder wenn ein charakteristisches subjektives Symptom in der Weise den Kranken belästigt, dass ihm das Leben dadurch zur Qual wird, welches er bis dahin in der Hoffnung auf Besserung hinschleppt, und wodurch in ihm lebhafte Besorgniss entsteht.

Sehr häufig erregt eine Gruppe von Reflexsymptomen, z. B. Dyspepsie, Uebelsein, Schlaflosigkeit, Schwindel die Aufmerksamkeit des Kranken. Dieser ist weit davon entfernt anzunehmen, dass die Ursache dieser gastrischen und nervösen Störungen im Genitalapparate und besonders in dem prostatischen Theile der Harnröhre liegt. Während die Magenerkrankung und die von ihr als abhängig angenommenen nervösen Störungen behandelt, aber natürlich nicht geheilt werden, treten auch noch andere Erscheinungen auf, z. B. Spermatorrhoe, die den Kranken ernstlich beunruhigt, oder auch Impotenz, welche ihn geradenwegs zur Verzweiflung treibt.

Es genügt an den Fall von Beard zu erinnern, der im ersten Kapitel angeführt wurde, um sich eine Vorstellung von der ausserordentlichen Verschiedenheit zu machen, welche in der Symptomatologie der Neurasthenie sich bietet. Die 43 verschiedenen Diagnosen ebensovieler Aerzte in einem typischen Fall von sexueller Neurasthenie beweisen nicht nur, wie verschieden und verwickelt die Symptomatologie bei dieser Krankheitsform ist, sondern auch wie schwierig ihre Diagnose ist.

Die Symptome der sexuellen Neurasthenie verlaufen nicht immer in derselben Reihenfolge. So können sich z. B. bei manchen zuerst psychische Störungen zeigen, wie Charakterveränderung, gesteigerte Reizbarkeit, Unvermögen zu geistiger Arbeit, Gedächtnissschwäche, krankhafte Angstzustände u. s. w., bei andern Personen Symptome von Rückenmarksaffektion, allgemeiner Schwäche, Schwindel; bei anderen wiederum Symptome gastrischer Störung, Uebelsein, Appetitlosigkeit, Verdauungsbeschwerden; bei anderen dagegen zuerst Beschwerden seitens des Sexualapparates, Spermatorrhoe, Impotenz, Ovarienhyperästhesie, Dysmenorrhoe, Incontinenz des Urins; bei noch anderen schliesslich Funktionsstörungen der Sinnesorgane, Lichtscheu, Verminderung der Sehschärfe, Mydriasis, Asthenopie, Mouches volantes, Gehörgeräusche, Herabsetzung der Hörschärfe etc.

Und wie die verschiedenen Symptome sich in verschiedener Reihenfolge entwickeln, so gruppiren sie sich auch verschieden. Es ist auch bei den verschiedenen Individuen und bei den verschiedenen Formen das Hauptsymptom verschieden; bald erregt es subjektiv vor allem die Aufmerksamkeit des Patienten, bald bietet es sich objektiv direkt der Beobachtung des Arztes dar. Es ist nicht möglich, einen einzigen Typus in der Symptomatologie der sexuellen Neurasthenie aufzustellen; und wer das versuchte, würde leicht in diagnostische Irrthümer gerathen, da er vielleicht niemals in der Praxis eine Form findet, welche dem genau entspricht.

Andrerseits können wir einige Beispiele typischer Formen mittheilen, wonach man sich leicht ein Schema für die Einreihung der andern weniger häufigen und weniger charakteristischen Formen aufstellen kann:

5*

1. **Fall.** Ein Mann von zartem Körperbau hat in seiner Jugend sehr viel onanirt und viel geistig gearbeitet. Mit 25 Jahren verheirathet, hat er im Uebermass den Coitus ausgeübt. Zwei Jahre später beginnt er zu leiden an Schwindel, Uebelsein, Dyspepsie, zu welchen Störungen noch Reizbarkeit der Sehnerven, Lichtscheu, Mouches volantes, Asthenopie hinzukommen, ferner Gehörgeräusch, Bandgefühl um die Stirn, Schmerz in der Gegend des Lendenmarks, Schwäche und schliesslich Beschwerden im Sexualapparat.

2. **Fall.** Ein Mann von kräftigem Körperbau hat in ähnlicher Weise übermässig onanirt; während er manchmal auch den normalen Coitus vor seiner Verheirathung ausübte ohne daran ersichtlichen Schaden zu nehmen, und dann die ehelichen Pflichten missbrauchte. Seit einigen Jahren ist seine Erektionsfähigkeit vermindert. Gleichzeitig änderte sich sein früher lebenslustiger, froher und energischer Charakter. Der Mann wurde verschlossen, zornmüthig, menschenscheu und energielos, sodass er sich zu den einfachsten Unternehmungen unfähig fühlte.

3. **Fall.** In andern Fällen sind die Störungen der Verdauung am deutlichsten. Die Kranken leiden auch an krankhafter Furcht. Bei manchen offenbart sich besonders eine Menschenscheu, namentlich beim Begegnen eines Betrunkenen, bei einem Andern eine ausgeprägte Platzangst. Es entstehen Reflexerscheinungen in dem Sehorgan, chronische Conjunctivitis, leichte Ermüdung beim Lesen, ferner Erscheinungen seitens der Psyche, Gedächtnissschwäche. Unentschlossenheit, Mangel des Selbstvertrauens und Schwierigkeit bei der Durchführung von Unternehmungen. Schliesslich erscheinen Störungen in den Genitalfunktionen.

4. **Fall.** In andern Fällen sind die Erscheinungen der Sexualsphäre deutlicher. Es geht fast immer übermässige Onanie oder Missbrauch des normalen Geschlechtsverkehrs vorher. Dann folgt eine Periode mit häufigen Pollutionen, welche den Kranken erschöpfen. Wenn auch moralisch deprimirende Ursachen gewirkt haben, stellen sich schnell Erscheinungen geistiger Depression, Reizbarkeit, Schlaflosigkeit, grösster Abneigung gegen die Gesellschaft und Anfälle von Menschenscheu bis zum Einschliessen im eigenen Hause ein. Es können sich hinzugesellen andere Reflexerscheinungen, Schmerz in der Lendengegend, Lichtscheu, Abschwächung der Sehschärfe.

5. **Fall.** In manchen andern Fällen können heftige Kopf-
schmerzen und blitzartige diffuse Schmerzen im ganzen Körper
das Bild der Neurasthenie eröffnen, mit welchen sich funktionelle
Reflexstörungen des Seh- und Gehörorgans vereinigen, ferner
Herzklopfen, Schwindel, deutlicher Wunsch nach Einsamkeit und
Abneigung vor der Gesellschaft. Sie klagen über Pollutionen und
periodisch auftretende Impotenz als begleitet von Veränderungen
bei der Urinabsonderung (Vermehrung der Oxalate, Phosphate etc.),
während der Ernährungszustand ein günstiger bleibt, die Muskelkraft gut entwickelt und zu schwerer physischer Arbeit fähig
und ausdauernd ist.

6. **Fall.** Ein Individuum mit Varicocele; Onanist in der
Jugend; mit 20 Jahren an Gonorrhoe erkrankt; leidet vom 25. Jahre
an Hodenneuralgie und Kreuzschmerz, wozu sich noch Stuhlver-
stopfung und häufiger Urindrang gesellen. Die Erektionen sind
unvollkommen, die Ejaculationen erfolgen zu früh und gehen mit
lebhaftem stechendem Schmerz in dem tiefen Theile der Harnröhre einher. Dazu kommen schliesslich noch psychische Störungen
hypochondrischer Natur und charakteristische unwillkürliche
Muskelzuckungen, welche den Kranken auch während seines
Schlafes stören.

7. **Fall.** Bei manchen Personen zeigen sich ganz zuerst
Reflexstörungen des Herzens und der Respiration, Herzklopfen und
nervöse Dyspnoe zusammen mit geistiger Depression, Gedächtnissschwäche, krankhafter Furcht, z. B. vor dem Blitz, Schläfrigkeit,
Müdigkeitsgefühl in den Beinen, Urinverhaltung, Abgeschlagenheit
auch nach langer Ruhe und schliesslich zunehmende Schwäche
in den sexuellen Funktionen.

8. **Fall.** Frühzeitig und lange geübte Onanie, schwere
Gonorrhoe, die einen ausgesprochenen Reizzustand in dem prostatischen Theile der Harnröhre zurücklässt, Halblähmungen in
den Beinen, anfallsweise Gliederschmerzen sind manchmal die
ersten Störungen, welche zur sexuellen Neurasthenie prädisponiren.
Darauf folgen verschiedene Reflexsymptome, wie deutliche Schmerzhaftigkeit bei Druck auf die Lendenwirbel, Urininkontinenz, Hyper-
idrosis, unwillkürliche Zuckungen durch den ganzen Körper, Schlaflosigkeit, schreckliche Träume, die von Albdrücken begleitet sind.

9. **Fall.** Es geht eine gonorrhoische Harnröhrenentzündung
vorauf, welche schnell heilte. Das Individuum ist aber gewohnt

zu reiten. Nach kurzer Zeit merkt es einen Reiz in der Harnröhre, Brennen beim Uriniren. Es folgen Pollutionen. Der Coitus gelingt mühsam, die Ejaculation ist sehr vorzeitig und begleitet von heftigem stechendem Schmerz in der Harnröhre. Lassen diese Symptome während der Ruhe nach, so stellen sich andere in der psychischen Sphäre ein, besonders krankhafte Angstzustände. z. B. Platzfurcht. Diese erreicht einen derartigen Grad, dass der Kranke keinen Schritt allein ausserhalb des Hauses machen kann, da er jeden Augenblick hinzufallen fürchtet. Er wird von einer unbeschreiblichen Angst befallen, wenn er allein eine Strasse oder einen Platz überschreiten muss, sowohl beim Bergauf- wie beim Bergabgehen. Er hat keine Neigung mehr zu sexuellem Verkehr. Es tritt Halbimpotenz oder zeitweilige Impotenz auf. Die krankhafte Furcht nicht wieder gesund zu werden, die Patophobie. wurzelt sich fest ein.

10. Fall. Der Kranke hat früher viel onanirt. Er hat dann an Tripper gelitten. Es zeigen sich krampfhafte Muskelzuckungen in der Harnröhre und grosse Empfindlichkeit am Damm. Zwanzig Jahre lang hat er Excesse beim natürlichen Geschlechtsverkehr ausgeübt. Er hatte die Gewohnheit, den Coitus oft zu unterbrechen. Diesen Excessen folgt eine lange Periode der sexuellen Enthaltung. Es entwickeln sich die Symptome der geistigen Depression, ferner Lichtscheu, Hauthyperästhesie, nächtliche Pollutionen, Prostatorrhoe. Es entstehen krankhafte Angstzustände, wie Furcht vor der Dunkelheit, Nyctophobie. Oder aber es bildet sich bei diesen Kranken eine andere besondere Angst heraus, nämlich dass die Aufmerksamkeit aller Leute auf sie gerichtet sei. Die Kranken sind nicht im Stande zu reden, schreiben, essen. die natürlichen Verrichtungen irgend welcher Art auszuführen, wenn sie glauben oder wahrnehmen, dass man sie beobachtet. Diese nicht seltene Psychopathie bei Neurasthenikern könnte man krankhafte Einbildung nennen.

11. Fall. Missbrauch des gewöhnlichen Geschlechtsverkehrs und etwas Ueberanstrengung beim Studium, weiter fortgesetzter Missbrauch der sexuellen Befriedigung, unregelmässige Lebensweise und Diätfehler; schlecht ausgeheilte Harnröhrenerkrankung. Das neuropathisch beanlagte Individuum wird von Störungen in der psychischen Sphäre befallen, wird sehr erregt, zornmüthig, übler Laune, ist unentschlossen, unfähig zu irgend welchen Unter-

nehmungen, zweifelt an sich selbst. Später leidet es an Kreuzschmerz und Spermatorrhoe. Einmal wird es von Ohnmacht befallen und der Verlust des Bewusstseins wird begleitet von Stuhl- und Harnentleerung. Ruhe und Rückkehr zum regelmässigen Leben bessern den allgemeinen Zustand. Aber nach einigen Monaten wiederholt sich der Anfall, welcher für epileptisch gehalten wird. Indessen leidet der Kranke einfach an sexueller Neurasthenie mit Urethritis prostatica und zeigt nach einer lokalen Behandlung schnell deutliche Besserung.

12. Fall. Neuropathische weibliche Personen, die in früher Jugend onanirt haben, leiden an Weissfluss. Diese Kranken sind blutarm. Heirathen diese Mädchen und geben sie sich sexuellen Excessen in der Ehe hin, so entwickelt sich bei ihnen ein Kongestivzustand im Geschlechtsapparat, besonders in der Gebärmutter, an den sich anschliessen Katarrh, Senkung, Verlagerung. Auch Eierstocksaffektionen können sich noch dazu gesellen. In andern Fällen verursacht leidenschaftliche Nymphomanie Reflexstörungen im psychischen Centrum, Nervosität, gesteigerte Reizbarkeit, zornigen Charakter, Schlaflosigkeit, Kopfschmerz, Anfälle von Melancholie und andere Reflexstörungen. In andern Fällen beruht der reflektorische Symptomenkomplex weniger auf sexuellen Excessen, als vielmehr auf verschiedenen auf einander folgenden Affektionen der verschiedenen Sexualorgane in Folge von Gonorrhoe. Schliesslich treten sehr häufig verschiedene krankhafte Angstzustände auf, besonders Monophobie, Furcht vor dem Alleinsein und Furcht vor dem Tode, die bei den Weibern charakteristisch sind.

Die Symptome und Symptomgruppen der sexuellen Neurasthenie stehen bald im Vordergrunde, bald sind sie nebensächlicher Natur; manchmal sind sie nur geringen Grades, manchmal sehr heftig. Sie entwickeln sich manchmal unvorhergesehen in akuter Weise, meistens aber langsam und chronisch. Der Kranke sieht sich nach und nach von einer Menge Ungemach, fast ohne es gemerkt zu haben, umgeben, bis sein Organismus, der gewohnt ist, so viele kleine Beschwerden zu ertragen, schliesslich auf ein Symptom oder eine Symptomgruppe heftig reagirt, welche ihn stärker trifft, besonders sind das solche der Psyche oder aus dem Gebiet der spezifischen Sinnesorgane. Und dann fühlt er sich so ernstlich krank, dass er ärztlichen Rath nöthig hat.

Die Entwicklung der sexuellen Neurasthenie ist also chronisch.
Ihr Verlauf ist remittirend. Manchmal ereignen sich krisenartige
nervöse Anfälle, bald im einen, bald im andern Hauptreflex-
centrum oder in den Nachbarcentren.

In der Sphäre des Geschlechtsapparats sind die häufigsten
Symptome beim Kranken Pollutionen und Impotenz. Besonders
charakteristisch ist aber vor allem die Empfindung eines stechenden Schmerzes bei der Ejaculation. Im höchsten Grade lästig,
weil moralisch und psychisch deprimirend, sind erschwerte
Erektionen oder gar das Unvermögen der Immissio penis und
die zu schnelle und vorzeitige Ejaculation ante portas. Weniger
häufig sind Schmerzen in den Hoden; Brennen und häufiger
Urindrang, sehr selten ist Urininkontinenz und nächtliches Bett-
pissen.

Objektiv beobachtet man Zusammenschrumpfen des Penis,
Erschlaffung des Hodensacks, die Erscheinung des „Hodentanzes",
und besonders bei Onanisten Hodenatrophie. Fast immer findet
man dabei chronische hintere Harnröhrenentzündung und zugleich
Affektionen der Prostata, Veränderungen des Urins, die entweder
von Harnröhren- oder Blasenaffektionen abhängen, oder auch
Vermehrung der harnsauren Salze, der Oxalate und Phosphate,
manchmal Albuminurie und abnormes Urofëin.

Im Gebiet des Verdauungsapparates können Uebelkeit, Appetitlosigkeit, erschwerte Verdauung, Verstopfung, seltener Leibschmerz
vorhanden sein.

Im Harnapparat muss man den Kranken auf Nieren- und
Blasenleiden untersuchen.

Unter den psychischen Symptomen sind häufig
geistige Depression und Gedächtnissschwäche, die eines der
häufigsten und wichtigsten Symptome ist. Andere Symptome
sind: Charakterveränderung, Reizbarkeit, Schaflosigkeit oder Schlaf-
sucht, Unentschlossenheit oder Wankelmuth, Zweifelsucht, krankhafte Einbildung und vielfache krankhafte Angstzustände und
zwar: Platzfurcht, Menschenscheu, Furcht vor Krankheit, vor dem
Alleinsein, vor dem Tode, vor Allem überhaupt, Furcht vor dem
Blitz, vor der Nacht und namentlich am häufigsten und charakte-
ristischsten die Abneigung vor der Gesellschaft und nicht selten
Selbstmordneigung.

Gewöhnlichere Reflexsymptome der spezifischen Sinnesorgane sind im Gesichtssinn: Reizbarkeit der Augen, Abnahme der Sehschärfe, Conjunctivitis, Pupillenerweiterung, Astenopie, Mouches volantes. Im Gehörsinn: Ohrgeräusche, Abnahme der Hörschärfe, Hyperästhesie gegen Töne und Geräusche. Im Stimmorgan: Tiefe, rauhe und heisere Stimme, neurasthenische Stimme, ungewandte, langsame Sprache; die letzten Silben werden nicht immer deutlich ausgesprochen. Im Gefühlssinn und den peripherischen Nerven: Hyperästhesie, Parästhesie, theilweise Paresen, manchmal Neuralgien, häufiger Schmerzhaftigkeit bei Druck auf die Wirbelgelenke der Wirbelsäule.

Da der Prostatatheil der Harnröhre beim Mann, wie schon gesagt, dem Uterus beim Weibe entspricht, so können bei Krankheitszuständen des Uterus auch entsprechende lokale und allgemeine Nervenstörungen, direkter und reflektorischer Natur, vorkommen, wie sie bei Krankheitszuständen der Prostata bestehen. Wir werden demnach haben Ovarienhyperästhesie, grosse Empfindlichkeit der Vagina, Gebärmutterkatarrh, Dysmenorrhoe, Gebärmutter- und Eierstocksaffektionen, besonders Kongestion, Prolaps, Retroflexion, Endometritis u. s. w.

Zur Stellung einer exakten Diagnose der sexuellen Neurasthenie ist es nöthig, methodisch vorzugehen. Die kleinsten Eigenthümlichkeiten eines jeden Organs und Systems dürfen bei der Untersuchung des Kranken nicht vernachlässigt werden.

Wenn man auch — was allerdings selten ist — auf den ersten Blick sieht, dass der Kranke an sexueller Neurasthenie leidet, so muss man doch die Diagnose durch eine objektive Untersuchung wenigstens derjenigen Hauptorgane, welche in direktem ursächlichem Verhältniss zur nervösen Erschöpfung stehen, bestätigen, nämlich der Harnröhre und besonders ihrer hinteren Portion.

Kann man jedoch, wenn es sich um Neurasthenie handelt, nicht gleich von vornherein erkennen, zu welcher Form sie gehört. und ist man im Zweifel, ob es sich um sexuelle Neurasthenie handeln kann, so muss man die Diagnose zu stellen suchen durch Abwägung aller bekannten positiven und negativen Symptome gegeneinander. Man muss aufs genaueste und mit den vollkommensten Untersuchungsmethoden prüfen, welche Veränderungen in jedem Organe bestehen, besonders in dem Gebiete der Geschlechtsorgane.

Es ist unabweislich vor allem zuerst eine genaue und eingehende A n a m n e s e aufzunehmen, aus der man ersehen kann, ob der Kranke von neuropathischen Eltern stammt, ob und an welchen Kinderkrankheiten er gelitten, ob er übermässig onanirt, ob er sich zu sehr geistig angestrengt hat, ob er in moralisch gesunder und pekuniär günstiger Umgebung gelebt, ob er venerische Excesse ausübt oder ausgeübt hat, ob er sich genügend ernährt, ob er im Jünglingsalter krank gewesen, ob er an nächtlichen Pollutionen leidet und ob er Gonorrhoe oder andere Geschlechtskrankheiten gehabt hat.

Man muss sich stets daran erinnern, dass man es mit Neuropathen zu thun hat, also leichtbeeinflussbaren Kranken. Um deshalb frei und offen das Eingeständniss vieler Dinge, besonders der Onanie, sexueller Excesse und abnormer naturwidriger Triebe zu erlangen, lauter Dinge, die für den Arzt von grosser ätiologischer Wichtigkeit sind, muss man diskret und klug verfahren und den Kranken ermuthigen, alle diese einfachen und natürlichen Dinge zu sagen zu seinem eigenen Vortheil und im therapeutischen Interesse. Man muss sich hüten mit Fragen und ungeeigneten Erwägungen das moralische Empfinden des Kranken zu verletzen.

Suchen wir aber durch unsere ärztliche Autorität sein verschämtes Geheimniss zu verletzen, so würden unsere Hoffnungen getäuscht werden. Unsere Bemühungen würden auf lebhaften Widerstand und auf unrichtige Angaben stossen, die unser Symptomenbild entstellen, unsern diagnostischen Entwurf verwirren und das Vertrauen des Kranken auf unsere späteren therapeutischen Maassnahmen erschüttern würden.

Viel leichter aber gelingt es, genaues über auf natürliche Weise verübte sexuelle Excesse, über Harnröhrenerkrankungen, gonorrhoische Prozesse, venerische und syphilitische Geschwüre zu erfahren.

Man muss auch erforschen, ob der Kranke zur Zeit der Untersuchung noch an M a l a r i a*) oder S y p h i l i s leidet, ob er an N e r v e n k r a n k h e i t e n gelitten hat und an welchen, ob er P s y c h o p a t h ist, ob er krankhafte Angst, Melancholie, hysterische

---

*) Malaria spielt natürlich in Deutschland längst nicht die Rolle wie in Italien. Dr. W.

Zufälle, Hypochondrie hat, ob er epileptiforme oder wirkliche epileptische Anfälle, ob er Neuralgien hat u. s. w., und ob er an Affektionen der Harnwege leidet.

Nachdem man nachgeforscht hat, ob vor der gegenwärtigen Krankheitsepoche organische, funktionelle oder nervöse Störungen in andern Organen bestanden haben, nämlich im Magen, Herzen, den Lungen, im Gehirn, ferner im Auge, Ohr, Kehlkopf, beim Weibe in den äussern Geschlechtstheilen, dem Uterus und seinen Adnexen, ob Entzündungsprozesse, Neuralgien oder Funktionsstörungen bestehen, wird man zur objektiven Prüfung des Status praesens übergehen. Bei diesen Untersuchungen wird man bezüglich gewisser Organe auf schon früher bestandene Symptome Werth legen, bezüglich anderer auf seit kurzer Zeit neu aufgetretene Symptome. Um die Diagnose zu stärken, werden wir uns nicht blos mit dem begnügen, was uns der Kranke erzählt, sondern seinem Gedächtniss nachhelfen in der Erinnerung an manche subjektiven innerlichen und besonders äusserlichen Symptome.

Wenn das subjektive Examen beendet ist, wird man zur objektiven Prüfung schreiten. Dabei wendet man seine ganze Untersuchungskunst an. Diese Prüfung muss möglichst vollständig sein. Man wird sich dabei aller Methoden und der vollkommensten Apparate bedienen, welche Physik, Chemie und Mechanik in den Dienst der Medizin stellen und man wird auch die Hülfe und Unterstützung der Spezialisten herbeiziehen, von denen jeder in seinem Gebiete durch seine Untersuchung, die oft schwer und kompliziert ist, ein exaktes Ergebniss verschafft.

Ich will zunächst einen kurzen Ueberblick über die allgemeine Untersuchung der Athmungsorgane, der Cirkulation, der Verdauungsorgane, des Nervensystems und der Spezialsinne geben, indem ich die Untersuchung des Geschlechtsapparates bis zuletzt aufspare, da diese wegen ihrer hohen Wichtigkeit bei der Diagnose und Behandlung der sexuellen Neurasthenie möglichst vollständig und vollkommen sein muss und uns das klarste und genaueste Bild vom Zustande eines jeden Organs in seinem anatomischen, physiologischen und pathologischen Verhalten liefern muss.

Die allgemeine objektive Untersuchung richtet sich auf: das Knochengerüst, den Ernährungszustand, das Körpergewicht, Aussehen und Farbe der Haut, Prüfung des Blutes, ob der Allgemeinzustand Verdacht auf Anämie erweckt, Prüfung der Muskelkraft, des Ganges, der Stimme und Sprache. Während man im allgemeinen glaubt, dass Personen mit sexueller Neurasthenie oder solche die zu ihr disponirt sind, muskelschwach seien, zeigt dagegen die klinische Beobachtung, dass sehr oft nervös erschöpfte Personen eine ausserordentliche Muskelkraft besitzen. Bei der Prüfung der Haut untersucht man vor allem, ob lokale, übermässige Schweissabsonderung besteht, besonders in der Handfläche, auf der Fusssohle, in der Achsel, am Damm, welche sehr oft bei Neurasthenikern vorkommt.

Die Lungen müssen auskultirt und perkutirt werden, wobei man vor allem die Respirationsbewegungen beachtet, welche bei Neurasthenikern, bei Ausschluss einer jeden andern organischen Ursache, kürzer und häufiger sind bei verlängerter Exspiration.

Die Untersuchung des Herzens ist auch von grosser Wichtigkeit, da hier die Heredität, die Lebensweise, überstandene Krankheiten, wie Rheumatismus, Syphilis, akute Infektionskrankheiten ihre Spuren hinterlassen. Man wird festzustellen suchen, ob am Klappenapparat Anomalien vorhanden sind oder nervöses Herzklopfen besteht, was beim Neurastheniker sehr gewöhnlich ist.

Die Verdauungsorgane müssen untersucht werden, da sie als Reflexcentrum bei den neurasthenischen Prozessen sehr gewöhnlich betheiligt sind. Und man wird deshalb genau nachforschen, ob die ihnen zugeschriebenen Störungen schon früher bestanden und ob die objektiven Symptome idiopathisch oder symptomatisch, direkt oder reflektirt sind. Man wird nachsehen, ob Magenerweiterung, Schmerzhaftigkeit bei Druck zusammen mit Dyspepsie, Uebelsein und Veränderung des physiologischen Geschmacks gegen Speise und Getränke besteht. In solchen Fällen ist es nöthig, den mittelst der Magensonde erhaltenen Mageninhalt genau auf die Anwesenheit freier Salzsäure zu prüfen, ebenso die verdauende Kraft des Magensaftes und mikroskopisch den Nahrungsrückstand, das Gährungsferment, Sarcina, Blutkörperchen zu untersuchen.

Die Untersuchung des Darms mittelst Inspektion, Palpation, sowie die makro- und mikroskopische Untersuchung der Fäces sind nicht ohne Interesse. Aber wichtiger ist die Untersuchung des Mastdarms mit dem Auge und mit den Fingern und auch mit

Instrumenten, um dort nach Ulcerationen, Neubildungen, Fisteln, Hömorrhoiden, syphilitischen Stenosen zu suchen, welche Hypertrophie und Reizbarkeit der Prostata verursachen können. Auch die Untersuchung der Leber und Milz darf nicht unterlassen werden. Bezüglich der letzteren muss man besonders auf Vergrösserung fahnden und auf Verhärtung in Fällen von Malaria, welche manchmal entfernte, prädisponirende Ursache oder nächste Gelegenheitsursache sein kann, und die häufiger sich als Komplikation der sexuellen Neurasthenie zeigt oder gleichzeitig mit ihr besteht oder mit ihr alternirt.

Die Untersuchung der Sinnesorgane, deren nervöse und funktionellen Störungen so häufig, ja fast konstant bei der sexuellen Neurasthenie sind, muss sehr genau geschehen, nicht blos um Art und Grad der Affektion des Sinnesorganes festzustellen, sondern auch um zu bestimmen, ob diese Affektion primär oder sekundär, direkt oder reflektirt ist, da diese Thatsachen von grosser diagnostischer und therapeutischer Wichtigkeit sein können. Opthalmoskopie, Otoskopie und Laryngoskopie und andere spezielle Untersuchungen wird man anwenden, um die Ursache der auffallenden Reflexstörungen zu erforschen.

Auch die Untersuchung des centralen und peripheren Nervensystems ist von grösster Wichtigkeit. Ausser den schon ausgeübten Untersuchungen der spezifischen Sinne, welche Affektionen zeigen können, die vollständig abhängig sind von Erkrankungen des Nervensystems, werden wir auch die folgenden Prüfungen ausführen: 1. Motilität. Man untersucht den Zustand der aktiven Motilität, der Koordination der Bewegungen, der passiven Motilität, der motorischen Erregbarkeit, das trophische Verhalten der Muskeln, den Muskeltonus, das elektrische Verhalten der Muskeln, den Gang. 2. Sensibilität. Berührungsgefühl, Schmerz, Druck-, Wärme-, Raum-, Muskel-, elektrisches Empfinden. 3. Reflexe. Hautreflexe, besonders Kremaster, Sehnenreflexe, besonders Patellarreflexe. 4. Trophische und vasomotorische. Zustand von Anämie, Hyperämie der Haut, Absonderungen von Schweiss und Talg.

Bei diesen Untersuchungen versäume man nicht die Prüfung der Muskelkraft mit dem Manometer, die elektrische Untersuchung mit beiden Stromesarten, und mit der statischen Elektrizität, die Prüfung der Sensibilität mit dem Aesthesiometer auf Berührung, Schmerzempfindung und Druck. Barrucco's neues Aesthesiometer auf Entfernung und Druck erweist sich als sehr geeignet zur Bestimmung der kleinsten Differenzen dieser Arten von Sensibilität mit oder ohne elektrischen Strom. Wer sich mit dem Instrumente bekannt machen und die Anwendung des Aesthesiometers bei der Prüfung des peripheren Nervensystems und bei der Diagnose einiger Hautkrankheiten lesen will, findet dies in Barrucco's darauf bezüglicher Monographie (Bologna 1894, Verlag von Treves).

Nachdem so die allgemeine Untersuchung des Kranken in allen Körperorganen beendet ist, wollen wir unsere Aufmerksamkeit besonders auf den Zeugungsapparat des Mannes und den Fortpflanzungsapparat des Weibes richten, indem wir uns besonders vornehmen, eingehend die gonorrhoischen Affektionen der Geschlechtsorgane zu studiren, welche die allerhäufigste Ursache der sexuellen Neurasthenie sind und deren schwerste Formen begleiten.

Man muss vor allem genau das Bestehen einer organischen oder funktionellen Erkrankung in jedem Theile des Apparates untersuchen und das Stadium, in dem sich diese Affektionen befinden. Man muss die Hauptsymptome von den Nebensymptomen und von andern Begleitsymptomen wohl zu unterscheiden wissen. Deren Verhältniss zu einander muss man erforschen. Diesen Zweck wird man nur erreichen, wenn man die Anatomie und Physiologie der Organe und deren anatomisch-pathologische und histopathologische Veränderungen kennt.

Die Hauptstörungen sitzen in der Harnröhre. Und vor allem zuerst zeigen sich nervöse Störungen verschiedenen Grades und verschiedener Art in der Harnröhre und ihrer Nachbarschaft. Zu den lokalen nervösen Störungen gehören besonders Hyperästhesie, Parästhesie und Paralgie der Harnröhre.

Der Kranke hat beim Urinentleeren das Gefühl von Hitze und Brennen. Das liesse an einen Entzündungsprozess denken. In manchen Fällen zeigen sich dann und wann spontane stechende Schmerzen in der Harnröhre. Andere Kranke klagen über eine dumpfe Schmerzempfindung, als wenn der Penis in der Gegend des sulcus coronarius zusammengeschnürt wäre. Die Hyperästhesie der Harnröhre ist nicht selten so ausgepägt, dass sie Reflexkrämpfe des Compressor urethrae auslöst, in Folge deren der Urin meistens stossweise in dünnem Strahle entleert wird; dies erweckt häufig bei dem Kranken und auch selbst bei dem Arzte den Glauben, dass es sich um Harnröhrenverengerung handele, um so mehr als auch die Einführung dünner Sonden krampfhafte Zusammenziehungen hervorruft, wodurch das Eindringen der Sonde in den hintern Theil der Harnröhre gehindert wird.

Die Schmerzempfindungen pflegen auch in das Gebiet des Sexual-Plexus auszustrahlen und treten gewöhnlich längs des Samenstranges nach den Hoden zu auf. Theils äussern sie sich als dumpfes Druckgefühl, theils als lancinirende Schmerzen, die auch nach dem Damm und dem After ausstrahlen. Dieser letztere ist auch nicht selten Sitz von Hyperästhesie und Reflexkrämpfen, welche häufig so heftig sind, dass sie die Untersuchung mit dem Finger unmöglich machen. In andern Fällen ist die Analöffnung der Sitz eines unerträglichen Juckgefühls, des pruritus analis, welches bald beständig, bald anfallsweise auftritt und welches den Kranken zwingt, sich zu kratzen, bis schliesslich ein künstliches Eczem entsteht. Der Kranke wird auch oft durch häufige Herpesbläschen an der Eichel belästigt, an der Vorhaut und an der Haut des Penis. Dieser Herpes tritt theils spontan, theils in Folge von sexuellen Reizungen durch Masturbation, Coitus und Pollutionen auf.

Trotz dieser beschwerlichen nervösen Lokalstörungen ist der Allgemeinzustand der Kranken fast immer befriedigend, und sehr gut ist oft ihr Ernährungszustand. Nichtsdestoweniger befinden sich die Kranken in einem beklagenswerthen Zustande, und wenn zu diesen Störungen noch Pollutionen und Impotenz hinzukommen, dann zeigt sich zusammen mit psychischer Depression auch eine Verschlechterung in dem allgemeinen Zustande und der Ernährung.

Die nervösen Störungen, welche zuerst auf die äusseren Geschlechtsorgane, besonders die Harnröhre, lokalisirt sind, dehnen sich aus, und es treten spinale Reflexsymptome in Erscheinung, zu denen die verschiedenen Aeusserungen der Spinalreizung gehören, nämlich das Gefühl von Schmerzhaftigkeit im Kreuz, spontan und auf Druck, Gefühl von Ameisenkribbeln, von Kälte und Wärme längs der Wirbelsäule, Neuralgie in lancinirender und flüchtiger Form und Paralgie besonders im Lumbo-Sacral-Plexus.

Die nervösen Störungen können noch weiter zunehmen und vor allem zuerst den Magen in der Form von Gastro-Intestinal-Katarrh und später von Atonie in Mitleidenschaft ziehen, Zustände, welche den Kranken sehr niederdrücken, indem sie seinen Ernährungszustand verschlechtern. Die nervösen Erscheinungen werden noch schwerer in Form von allgemeiner Depression, Gefühl von Kopfdruck, geistiger Ermüdung, Gedächtnissschwäche, Herzklopfen. Das labile Nervensystem verursacht schnellen Farbenwechsel, besonders im Gesicht. Schliesslich nimmt auch zusammen mit Symptomen geistiger Depression, krankhafter Furcht und krankhafter Impulse und mit Reflexstörungen der Sinnesorgane die Heftigkeit der Krankheitsäusserungen der Genitalorgane zu. Da ist es denn kein Wunder, wenn solche Kranken mitunter ihr Leben durch Selbstmord beendigen.

Eine ausserordentliche Reizbarkeit der Prostata ist, wie schon bei der Symptomatologie gesagt wurde, ein Symptom von grösster Wichtigkeit bei der sexuellen Neurasthenie. Sie kennzeichnet die chronische tiefe hintere Harnröhrenentzündung, zeigt die lange Dauer des langsamen Entzündungsprozesses und seine Ausbreitung auf die tiefen Theile, und stellt das Centrum des Thätigkeitsgebietes aller Reflexerscheinungen dar.

Um den Grad der Reizbarkeit der Prostata festzustellen, muss man die Untersuchung mit dem Finger vom Mastdarm und die Sondenuntersuchung von der Harnröhre aus anwenden. Bei gesunden Personen verursacht Druck mit dem Finger auf die Prostata absolut keine Schmerzempfindung, während bei Personen mit sexueller Neurasthenie schon leichter Druck lebhaftes Schmerzgefühl verursacht, welches neuralgischen Charakter annehmen kann. Diese gesteigerte Empfindlichkeit findet man niemals bei Prostatahypertrophie. Auch eine durch die Harnröhre eingeführte Sonde Béniqué ruft schon in dieser einen Reizzustand und ein sehr peinliches Gefühl hervor, ohne dass man dies einen wirklichen Schmerz nennen könnte. Aber wenn die Sonde den prostatischen Theil trifft, geht die unangenehme Empfindung in wirklichen Schmerz über.

Eine andere von Barrucco ausgeübte Prüfungsmethode zur Bestimmung des Grades der Hyperästhesie der Harnröhre und der Reizbarkeit der Prostata ist die elektrische Sondirung. In die Harnröhre wird bis zum Blasenostium eine Sonde eingeführt, die in ihrer ganzen Länge isolirt ist und in einen freien Metallknopf endigt. Man lässt einen schwachen Induktionsstrom durchfliessen, indem man das Instrument langsam in der Harnröhre bis zur Blase vorschiebt und wieder zurückzieht. Auf diese Weise untersucht man Punkt für Punkt die Harnröhre und die Prostata auf ihre verschiedene Empfindlichkeit gegen den elektrischen Strom. Man stellt deren grösseren oder geringeren Grad in ihren verschiedenen Theilen fest, sowie die Verschiedenheit der Sensibilität der Harnröhre und die der Prostata. Es leuchtet ein, wie bei solcher Untersuchung die Ergebnisse sehr genau sein müssen, weil das elektrische Verhalten ziffermässig bestimmt werden kann.

Diese Prüfung, die Barrucco bei nicht wenig Neurasthenikern in Wien und Bologna angestellt hatte, haben ihn veranlasst, ein anderes Kennzeichen aufzustellen, das er für wichtig hält, um den Zustand der Reizbarkeit der Prostata zu bestimmen und die Diagnose der sexuellen Neurasthenie zu bekräftigen. Dieses Kennzeichen ist die Vermehrung der Temperatur in dem prostatischen Theile der Harnröhre und in der Prostatagegend im Mastdarm. Um genauestens den Grad der Temperatur festzustellen, welchen in solchen Zuständen die Prostata hat, hat Barrucco zwei thermoskopische Sonden ersonnen und konstruirt; die eine ist für die Harnröhre, die andere für den Mastdarm bestimmt. Sie tragen ein Thermometer und an ihrem gefensterten Ende die Thermometerkugel, welche beiderseits der Prostata gegenüberliegt, und deshalb deren Temperatur genau anzeigt. Die Sonden bestehen aus zwei Stücken, deren unteres die Thermometerkugel und deren oberes den Maassstab enthält. Nach einigen Minuten wird die Sonde entfernt. Man schraubt das obere Ende los, öffnet den Maassstab und liest die Temperatur ab, welche die der Pars prostatica der Harnröhre und des Mastdarms angiebt.

Durch verschiedene vergleichende Untersuchungen Gesunder und Kranker hat Barrucco feststellen können, dass, während bei gesunden Personen die Temperatur zwischen 37,2 und 37,4 schwankt, bei Kranken mit Urethritis chronica posterior prostatica die Temperatur der Prostata immer über 37,4 ist und zwischen 37,6 und 38 schwankt. Man trifft in manchen Fällen auch Temperaturen von 38,2 bis 38,5, besonders in akuten Perioden, Krisen und bei stärkerer Reizbarkeit der Prostata. Die Temperaturgrade verhalten sich entsprechend dem Reiz- und Entzündungszustande des Organs.

Barrucco behauptet deshalb, dass die thermometrische Untersuchung der Prostata mittelst seiner thermoskopischen Sonde von der Harnröhre und vom Mastdarm aus in zweifelhaften Fällen ein werthvolles diagnostisches Mittel bei der chronischen prostatischen Harnröhrenentzündung bei der sexuellen Neurasthenie sein kann.

Barruccos thermoskopische Urethralsonde hat die Länge und Krümmung der Winternitzschen Kühlsonde, und 15 mm vor ihrem untern Ende öffnen sich 3 ovale, 20 mm lange, 4 mm breite Fenster. Eins auf der hintern Seite längs der Konvexität der Sonde, die andern beiden seitlich. Diese Oeffnungen lassen die Thermometerkugel frei, deren übriger Theil sich hinter dem massiven Sondentheil verbirgt. Dieser solide Theil, welcher auf den gekrümmten Sondentheil aufgeschraubt ist, kann auseinander genommen werden. Der Tubus des Thermometers kann geöffnet werden, um die Temperatur abzulesen. Er gestattet ferner das Auswechseln des Thermometers selbst zur nothwendigen Desinfektion, und wenn es erneuert werden muss.

Bezüglich der Messung muss erwähnt werden, dass der krumme Sondentheil, der 6 cm lang ist, ganz in die hintere Harnröhre gelangt, wenn das Instrument gesenkt wird und der solide Theil sich im Niveau des Bauches befindet. 2 cm vom gekrümmten Theil werden umschlossen von der pars membranacea, 3 cm von der portio prostatica, und 1 cm vom ostium vesicae, sodass die Thermometerkugel, welche $1\frac{1}{2}$ cm vom untern Ende frei liegt und 2 cm lang ist, genau dem richtigen Maasse des prostatischen Theiles der Harnröhre entspricht, wo die Prostata sich befindet.

Die thermoskopische Mastdarmsonde ist eine einfache Mastdarmkanule mit breitem Fenster an der einen Seite des visceralen Endes, in welchem die Thermometerkugel frei liegt. Auch diese Sonde besteht aus zwei Stücken. Wenn man sie auseinander schraubt, kann man die Temperatur ablesen und die Theile des Instrumentes auswechseln und desinfiziren.

Die Prostata trifft man vom Mastdarm aus 8 cm oberhalb der Analöffnung. Das mit einer Gradtheilung in cm versehene Instrument wird bis zu 10 cm in den Mastdarm eingeführt und dort 5 Minuten in dieser Lage gelassen.

Man kann Vergleichsmaasse herstellen zwischen der Prostatatemperatur, gemessen in der Harnröhre, und der im Mastdarm gemessenen. Man kann immer beobachten, dass die Maasse sich meistens entsprechen, dass öfter die Harnröhrentemperatur einige Decigrad höher ist als die Mastdarmtemperatur, während in einigen Fällen das Gegentheil der Fall ist, besonders wenn die Prostatareizbarkeit mit Hypertrophie vereinigt ist, und wenn die Reflexerscheinungen am Damm sehr ausgeprägt sind und in der Aftergegend mit Hyperästhesie und Reflexkrämpfen einhergehen.

Nachdem die Untersuchung mit der Sonde von der Harnröhre, die Fingeruntersuchung vom Mastdarm, die Untersuchung mit der elektrischen Sonde und die Prüfung der Temperatur mit Barruccos thermoskopischer Urethral- und Rectalsonde stattgefunden hat, um den Zustand der Hyperästhesie der Harnröhre, die Existenz der Reizbarkeit der Prostata und den Entzündungszustand dieses Organes festzustellen, wird man zu der physikalischen Untersuchung der beiden Portionen des Morgenurins übergehen. Diese Untersuchung ist so wichtig, dass sie allein schon genügen würde, um die Diagnose der chronischen prostatischen Harnröhrenentzündung festzustellen.

Es sei wiederholt, was bei der Aetiologie der sexuellen Neurasthenie gesagt ist. Nämlich:

1. Für chronische prostatische Harnröhrenentzündung spricht eine Trübung und zwar um so charakteristischer, je leichter sie ist, und die sich in beiden Portionen des Morgenurins zeigt, wobei Fasern nur in der ersten Portion vorhanden sind. Diese Trübung macht den Eindruck, wie wenn die Gläser, in welche der Urin gelassen wird, sich beschlagen.

Das Sekret, welches sich in der Harnröhre bildet, wird entweder direkt nach aussen oder direkt in die Blase ausgeschieden, je nachdem es sich im vordern oder hintern Harnröhrenabschnitt bildet. Im letztern Falle wird es nothwendigerweise mit dem Urin zu Fasern koagulirt ausgeschieden.

Wenn das Sekret der chronischen Harnröhrenentzündung tropfenweise ausgeschieden wird, ist sein mikroskopisches Aussehen ähnlich dem von Eiter im Endstadium der akuten Harn-

6*

röhrenentzündung. Man findet Eiterzellen mit vielen Kernen, isolirt oder in kleinen Gruppen zusammenliegend, runde, polygonale, fadenförmige und geschwänzte Formen, welche verschiedene Formen von Uebergangsepithel darstellen. Zugleich kommen Plattenepithelien mit einem Kern und nicht selten Cylinderepithelien vor.

Häufiger als in Tropfenform findet man die genannten Epithelien im Urin in Form von Fasern zusammen mit feinkörnigem Schleim. Diese schon von Aurius Ferrerius (1573), Gmelin und Astruc (1754) gekannten Fasern wurden durch koagulirte Lymphe zurückgehalten. Mikroskopisch unterscheidet man zwei Formen derselben, manchmal dünne, schleimige, feine und transparente, oft sehr lange und verzweigte Fasern, welche aus viel Schleim und wenig zelligen Elementen bestehen, manchmal sehr kurze, sehr harte, zerbrechliche weisse Fasern, in denen die Masse der zelligen Elemente den Schleim überwiegt.

Auch das Verhältniss des Epithels zu den Eiterzellen ist verschieden. In den Schleimfasern pflegen Epithelien vorzuwiegen, in den andern aber Eiterzellen. Schleimfasern mit viel Epithel bilden ein sehr günstiges prognostisches Moment, während sehr zerbrechliche Fasern mit viel Eiter ein weniger günstiges sind.

Auch die Form der gonorrhoischen Fasern ist verschieden. Aber von ihr kann man keinen Schluss auf Sitz und Intensität des Prozesses ziehen. Hervorgebracht auf dem krankhaften Boden der Schleimhaut und an sie angeheftet, werden sie durch den Urinstrahl gelockert und losgerissen. Unter ihren verschiedenen Formen, welche im Urin schwimmen, beobachtet man nicht selten sehr kleine, theils stäbchenförmig, theils punktförmig, meistens harte Flöckchen. Diese Fasern stammen aus den Oeffnungen der verschiedenen Drüsen und Follikel. Ihr Befund in grösserer Menge beweist, dass es sich um eine aktive Betheiligung der Drüschen der Harnröhre und deshalb um einen schweren Prozess handelt. Diese stäbchenförmigen Fasern, welche sich in der zweiten Portion des Urins finden, kommen aus den kleinen Drüsen der Prostata und sind der Beweis für eine chronische prostatische Harnröhrenentzündung.

Ihre Struktur ist meist charakteristisch. Sie bestehen aus zwei cylindrischen übereinander liegenden Zellschichten. Die obere Schicht besteht aus sehr grossen Zellen und sendet ihre

Fortsätze aus in eine Mosaik sehr kleiner, fast runder Epithelien, welche die untere Schicht bilden. (F ü r b r i n g e r 1883.) Verschieden und eigenartig ist das m i k r o s k o p i s c h e A u s s e h e n des P r o s t a t a s e k r e t s bei der Prostatorrhoe. Ausser dem negativen Befunde, d. h. dem Fehlen oder der sehr grossen Seltenheit von Spermatozoen findet man im Prostatasekret zahlreiche Eiterzellen, polygonale und cylindrische Zellen, sehr selten Cylinderepithel aus beiden Schichten der Drüsenöffnungen, geschichtete Amyloidkörperchen, Lecithinkörperchen und schliesslich die charakteristischen B ö t t c h e r s c h e n Sperminkrystalle. Dieses sind nadelförmige oder mühlsteinförmige Krystalle, welche aus basischem Phosphat bestehen, entdeckt von S c r e i n e r 1878. Sie sind dem Prostatasekret eigenthümlich, das mit Sperma gemischt, diesem den charakteristischen Geruch verleiht. Um es chemisch zu untersuchen, würde das Sekret der Prostatorrhoe rein, besonders frei von Urinbeimischungen geprüft werden müssen. Indem man zu einem Tropfen Prostatasekret einen Tropfen einer 1 % phosphorsauren Ammoniaklösung zusetzt, und indem man das Gemisch langsam austrocknen lässt unter dem Deckgläschen, wird man sehr schöne Exemplare von Böttcherschen Sperminkrystallen bekommen.

Eine sehr wichtige Frage in dem chronisch gonorrhoischen Prozesse besonders der hintern Harnröhre ist die G e g e n w a r t von G o n o k o k k e n.

Diese M i k r o k o k k e n, welche so konstant und so zahlreich bei dem akuten gonorrhoischen Prozess vorkommen, deren Fehlen in einem akuten eiterigen Sekret der Harnröhre mit Sicherheit das Bestehen einer Gonorrhoe ausschliesst, bieten in chronischen Prozessen nicht ebenso günstige Verhältnisse. Denn hier zeigen sich die Gonokokken bald in geringer Zahl, bald ist ihr Befund inkonstant und zugleich mit ihnen finden sich immer viele andere Mikroorganismen, welche ihnen zum Theil ähnlich sind.

Man kann die gonorrhoischen Fasern und die Tropfen der chronischen Gonorrhoe häufig viele Tage und Wochen lang wiederholt untersuchen, ohne jemals Gonokokken zu finden. Eines Tages aber kann man einmal ein Paar oder verschiedene Paar finden, aber in getrennten Zellen, welcher Befund natürlich ganz unzulänglich ist.

Auf die Frage nach dem Vorhandensein von Gonokokken

folgt eine andere nicht weniger verwickelte, nämlich, ob diese Gonokokken innerhalb oder ausserhalb auf den Zellen sitzen. Diese Frage würde nur in dem Fall gelöst werden können, wo eine grosse Zahl Kokken eine Zelle erfüllte, ohne dass ein Kokkus über deren Kontur hervorragt.

Günstiger gestalten sich die Verhältnisse zur Lösung dieser Frage bei der akuten Form. Hier kann man in der That bestimmt Zellen beobachten, über deren Kontur Kokken hervorragen. Beantworten liesse sich die Frage auch in dem Falle, dass die Flüssigkeit in Bewegung wäre und die Zellen sich in tanzender Bewegung befänden. Lustgarten und Maneberg haben 1887 wegen dieses so seltenen Befundes der Gonokokken bei den chronischen Prozessen, wegen der Ungewissheit, ob sie in oder auf den Zellen sässen, ferner weil sie auch in der normalen Harnröhre mit den Neisser'schen Mikrokokken identische innerhalb der Zellen beobachtet hatten, versucht, die Theorie des spezifischen, alleinigen blennorrhagischen Prozesses zu erschüttern und den diagnostischen Werth des Gonokokkus abzuschwächen. Aber Finger steht zu dieser Auffassung in vollstem Gegensatz. Er zeigt aufs Bestimmteste, dass die von Lustgarten und Maneberg manchmal in der normalen Harnröhre gefundenen Kokken nichts mit den echten Gonokokken des gonorrhoischen Prozesses zu thun haben.

2. Spricht für chronische prostatische Harnröhrenentzündung der Befund einer leichten schleimigen Trübung in einer zweiten Portion des Morgenurins oder auch in hellem Tagesurin Häkchen (Fürbringer) oder stäbchenförmige gonorrhoische Fasern.

Um die Diagnose der sexuellen Neurasthenie zu stellen, muss zuerst die chronische prostatische Harnröhrenentzündung festgestellt sein. Wir müssen uns deshalb nicht blos die makroskopischen, sondern auch besonders die mikroskopischen Kennzeichen der Untersuchung des Sekretes der Harnröhre, der Prostata und der Samenbläschen betrachten.

Das Harnröhrensekret der chronischen Form der Harnröhrenentzündung zeigt sich manchmal äusserlich in der Form eines Tropfens, meistens aber sehr spärlich oder fehlt gänzlich. Im erstern Fall stammt das Sekret von dem vordern Theile der Harnröhre, aber im zweiten Fall darf man daraus nicht ausschliessen, dass in der Harnröhre eine manchmal reichliche Sekretion stattfindet. Man darf nur annehmen, dass diese Sekretion in der hintern Harnröhre entsteht, weshalb das Sekret in die Blase gelangen muss.

Der vordere und hintere Harnröhrenabschnitt ist thatsächlich durch den musc. compressor urethrae getrennt und in ihrer physiologischen Thätigkeit ebenso unabhängig, wie in den pathologischen Veränderungen. Es ist deshalb der Durchtritt irgend welcher Flüssigkeit von der vorderen Harnröhre in die hintere und von dieser nach der vorderen gehindert, möglich jedoch von der vorderen Harnröhre nach aussen und von der hinteren in die Blase. Die Ursachen hierfür wurden von Barrucco weitläufig in seiner neuen Arbeit „Über moderne wissenschaftliche Kriterien der Lokalbehandlung der blennorrhagischen Urethritis" auseinandergesetzt, in welcher er über zahlreiche physiologische und venereologische Versuche berichtet hat, und wo er die Thompsonsche Probe mit den beiden Gläsern aufgeklärt und deutlich gezeigt hat, wie man sie deuten muss.

Eine charakteristische Eigenschaft unterscheidet immer die Gonokokken von andern Bakterien, welche eben so im Sekret der normalen Schleimhaut wie in dem der kranken Schleimhaut gefunden werden können. Nämlich die Gonokokken betheiligen sich immer an der Verschlimmerung des gonorrhoischen Prozesses. In der That kann man nicht selten beobachten, dass das Sekret einer chronischen Harnröhrenentzündung, welches mehrere Tage untersucht ist, die Gegenwart von Bazillen, Kokken und Diplokokken zeigt, aber niemals ein paar vollgenügende Gonokokken. Folgt trotzdem eine Steigerung des Prozesses, dann erscheinen sofort die Gonokokken und zeigen sich in grosser Zahl, während alle andern Bakterien und Kokken verschwunden sind. Weil dieses Verschwinden der anderen Kokken und Bakterien konstant ist, und sie sich bei akuter Harnröhrenentzündung nur sehr selten finden, oder doch getrennt von den Gruppen der Gonokokken und nur in geringer Anzahl vorkommen, so muss man annehmen, dass die von Lustgarten und Maneberg in der normalen Harnröhre gefundenen Formen zu einer dieser nicht echten Formen von Mikroorganismen bei der chronischen Harnröhrenentzündung gehören, welche sehr wohl manchmal auch im Sekret der normalen Harnröhre vorkommen können, und deshalb nichts mit den echten, alleinigen, konstanten Formen, also mit den Neisserschen Gonokokken zu thun haben.

Um über die Natur des Prozesses bei der chronischen Harn-
röhrenentzündung Gewissheit zu erlangen, braucht man nur eine
S t e i g e r u n g des P r o z e s s e s selbst hervorzurufen. Ein
solches Rezidiv ist einestheils nothwendig, um in zweifelhaften
Fällen die Diagnose zu sichern, andererseits aber auch dem
Kranken selbst nützlich, um die hartnäckige Krankheit zu lösen
und zu heilen. Es genügt mit der U l t z m a n n'schen Spritze eine
Lösung von 1 % Argent. Nitricum einzuspritzen, um in dem
Sekret eine grosse Menge von Gonokokken sich entwickeln zu
sehen. N e i s s e r wäscht, um jede Verwechselung mit andern
Mikroorganismen auszuschliessen, die Harnröhre wiederholt mit
einer Sublimatlösung von 1 : 2000 aus, verursacht so einen Reiz,
welcher Abstossung der oberflächlichen Epithelschicht bewirkt
und Absonderung von Eiterzellen, mit welcher die zufälligen
Mikroorganismen vernichtet werden, während die Gonokokken,
welche aus dem Gewebe hervorkommen, zurückbleiben und sich
auf der Oberfläche ansiedeln, so dass am folgenden Tage der Eiter
sich beladen zeigt mit Gruppen von Gonokokken, und zwar nur
mit Gonokokken, wie eine Reinkultur.

Schliesslich verhalten sich auch die Diplokokken anders als
die Gonokokken bei der Färbung mit der Gramm'schen Methode,
die man in zweifelhaften Fällen nicht vernachlässigen darf, und
bei bakteriologischer Prüfung; die Gonokokken entwickeln sich
zum Unterschied von andern Mikroorganismen nicht auf dem gewöhnlichen Nährboden.

An dieser Stelle berichtet B a r r u c c o kurz über die neuesten
Resultate der Untersuchungen von F i n g e r über die Kultur der
Gonokokken, welche in der Sitzung vom 15. Juni des Jahres
1897 in der medizinischen Gesellschaft zu Wien mitgetheilt
wurden. F i n g e r hat festgestellt, dass der Gonokokkus sehr
gut kultivirt werden kann auf einer Mischung von Urin und
Agar-Agar bei 36°, während er bei 40° und bei Austrocknung
abstirbt. Um ferner zu sehen, ob eine Gonorrhoe immun macht
gegen eine spätere gonorrhoische Infektion, injizirte er in die
Harnröhre von von chronischer Gonorrhoe geheilten Personen eine
Reinkultur von Gonokokken. Und die Resultate waren, dass die
Einimpfung einer akuten Gonorrhoe eine günstige Wirkung auf
die Heilung einer chronischen Gonorrhoe ausübte, aber keine
I m m u n i t ä t gegen spätere Infektionen gewährt.

Es giebt manche Ausnahmefälle, bei welchen trotz häufiger und während einiger Wochen wiederholter mikroskopischer Untersuchungen, trotz künstlicher Steigerungen, man niemals zu einem positiven Resultat bei der Suche nach Gonokokken gelangt. In diesen Fällen muss man schliessen, dass die Gonokokken entweder vernichtet sind durch die Ernährungsveränderungen des Nährbodens, oder weit weg fortgewandert sind, was nicht selten bei dem chronischen gonorrhoischen Prozesse in den weiblichen Genitalien der Fall ist.

Wir haben gesagt, dass in den chronischen Fällen im Harnröhrensekret zusammen mit den Gonokokken sich eine Verunreinigung durch andere Bakterien findet, ein Bakteriengemisch. Diese ist nun nicht konstant. Ja, es giebt viele Fälle, in denen wir zusammen mit Gonokokken keine andere Bakterie finden. Im Gegentheil giebt es Blennorrhoeen, bei denen schon im Endstadium des akuten Prozesses zusammen mit den Gonokokken sich verschiedene Mikroorganismen finden, ein Befund, welcher sich in dem chronischen Prozesse wiederholt.

Die Verunreinigungen oder Bakterienbeimischungen, welche man trifft, bestehen hauptsächlich aus Bakterien, seltener aus Kokken. Unter den erstern finden sich verschiedene Formen: kurze und dicke, zarte und lange, leicht gekrümmte, stäbchenförmige, meistens in kurzen Ketten oder Gruppen angeordnet, frei zwischen den Zellen oder auf ihnen. Von den Kokken finden sich manchmal kleine Kokken in kurzen isolirten Ketten oder in Kettengruppen, manchmal sehr dicke Kokken, Diplokokken, welche an Grösse den Gonokokken gleichen, schliesslich dicke Kokken von Kugelform in kurzen Ketten angeordnet, welche wie die Zoogloea liegen. Auch diese Gruppen befinden sich meistens frei zwischen den Zellen, und es macht den Eindruck, als wenn diese in jenen sich befänden, weil die Kontur der Gruppen immer die Zellgrenze übertrifft, ein Beweis, dass sie extrazellulär sind.

Also: 1. Die geringere Zahl dieser Mikroorganismen, 2. die Gegenwart verschiedener Arten zu derselben Zeit und in fast gleicher Menge, 3. ihr Verschwinden allemal, wenn spontan oder künstlich eine sehr reichliche Eiterung eintritt, 4. die Leichtigkeit der Entwicklung auf dem gewöhnlichen Nährboden, 5. die Färbung nach der Gramm'schen Methode, alle diese Kennzeichen stellen fest, dass diese Mikroorganismen nicht dem gonorrhoischen Prozess angehören und dass sie mit den spezifischen Gonokokken nichts gemeinsam haben.

Die Studien über die pathologische Anatomie der chronischen Harnröhrenentzündung, welche lange Zeit aus dem Anfangsstadium nicht herauskam, haben allein in den letzten Jahren durch die Bemühungen besonders von Finger und Neelsen eine schnelle und wichtige Entwicklung erlangt. Vor dieser Zeit waren solche Studien sehr selten und beschränkt auf den makroskopischen Theil.

Desruelles 1754, Desormeaux 1865, Cullerier 1866, Fauconnier 1877, haben über ein zu geringes Material von Fällen betreffend die chronische Urethritis verfügt, und erst Vayda 1882, brachte mit seinen anatomisch-pathologischen und histologischen Studien ein wenig Licht in diesen interessanten Gegenstand.

Die Resultate der Untersuchungen von Neelsen, noch mehr von Finger, sind wegen der sehr grossen Zahl von Fällen, wegen der Strenge, mit der sie ausgeführt wurden, und wegen der Fähigkeit derjenigen, welche sie ausführten, von höchster Wichtigkeit und haben den grössten wissenschaftlichen Werth. Folgendes sind in kurzem die Resultate dieser Studien:

Die histologischen Veränderungen bei der chronischen Gonorrhoe bestehen in Proliferation der Bindegewebszellen. Diese Zellen, welche eng eine neben der andern liegen. bilden eine Infiltration des subepithelialen und submucosen Gewebes, an welcher auch die Drüsen und Lacunen des subepithelialen Bindegewebes theilnehmen. Im ersten Stadium ist die Infiltration succulent, besteht aus jungen Zellen mit einem Kerne, im zweiten Stadium geht diese chronische Bindegewebshyperplasie in fibrilläres Bindegewebe über und hat Neigung zur Schrumpfung, zur Cirrhose.

Wenn die chronische Hyperplasie des Bindegewebes, das Infiltrat oberflächlich liegt im ersten Stadium, dann bleibt auch das fibrilläre Bindegewebe im zweiten Stadium im allgemeinen oberflächlich und sein Schrumpfen führt nicht zur Verengerung des Kalibers des Harnröhrentheiles, in dem dieser Prozess sich abwickelt, sondern nur zu leichter Beschränkung der Erweiterungsfähigkeit, zur Xerosis. Wenn jedoch die Infiltration, die chronische Hyperplasie des Bindegewebes des ersten Stadiums und das tiefe

Gewebe in das submucöse Gewebe hineingeht, dann werden die Verhärtungen oder Callusbildungen, die entstehen, sehr fest, die Neigung zum Zusammenziehen ist sehr ausgeprägt, sehr stark, und es kommt mit Nothwendigkeit zur Verengerung des Lumens jenes Theiles der Harnröhre, in dem der Prozess sich abwickelt.

Nach den Untersuchungen von Finger pflanzt sich die Ausbreitung der chronischen oberflächlichen Entzündung auf das tiefe Gewebe wegen wiederholter Entzündungen durch die periglandulären Wege fort. Nur die halbkreisförmigen Infiltrate in der Querrichtung führen zu Verengerungen, während jene, welche sich in der Längsachse der Harnröhre bilden, keine Verengerungen bewirken können. Ausser diesen Infiltraten haben die oben genannten Autoren andere histologische Läsionen gefunden, und zwar Gefässläsionen, kapilläre Extravasate, weisse Blutkörperchen mit vielen Kernen. Die Infiltrationsheerde sind im ersten Stadium von der katarrhalisch affizirten Schleimhaut bedeckt; deren Epithel ist im Zustande der Proliferation und katarrhalischen Desquamation, wie auch der schleimigen Degeneration. In diesem besondern Zustande der Degeneration giebt das abgestossene Epithel das Substrat, welches die gonorrhoischen Fasern vereinigt, während die Proliferation des Epithels vielmehr katarrhalische Erosionen hervorbringt. Die Drüsen und Lacunen können sich gleichfalls an dem katarrhalischen Entzündungsprozesse betheiligen. Die Proliferation seines Epithels kann schliesslich zur Verstopfung der Oeffnung dieser Drüsen und damit zur Follikelbildung führen. Und mit dem Verschluss der Ausführungsmündungen derselben können daraus cystische Bildungen und Erweiterungen entstehen.

Die chronische Hyperplasie des Bindegewebes, welches zu fibrillärem Bindegewebe umgebildet ist, komprimirt die erweiterten Gefässe der subepithelialen und submucösen Bindegewebsschicht. Dadurch wird das Gewebe im Innern blutleer. Und in Folge dieser mechanischen und nutritiven Störung wird eine grosse Menge von Lacunen schliesslich vollständig atrophisch.

Der gesteigerte Ernährungsprozess, welcher von der gesteigerten Blutcirkulation abhängt, zeigt die Umwandlung des Cylinderepithels in Plattenepithel, wie man es in andern Schleimhäuten beobachtet. Das Epithel häuft sich in um so dichteren und zahlreicheren Schichten an, je dichter der darunter liegende

Callus ist. Anfangs wuchert dies Epithel noch und bringt auch blennorrhagische Fasern hervor. Je älter der Prozess ist, desto kompakter und hornartiger wird das Epithel. Aber an diesem Punkte hört auch die Proliferation und die Produktion von blennorrhagischen Fasern auf. Das zeigt klinisch die Thatsache, dass zu einer bestimmten Periode scheinbar eine Heilung der chronischen Gonorrhoe stattfindet; Fehlen der subjektiven und objektiven Symptome, heller Urin, Abwesenheit von Fasern im Urin. Diese Periode der scheinbaren Heilung bedeutet den Uebergang zur Schrumpfung. Das ist ein Zeitpunkt, in welchem die pathologische Anatomie in der Harnröhre verschieden und komplizirt ist, indem man an manchen Stellen den Prozess im ersten Stadium, an andern Stellen im zweiten Stadium und bald oberflächlich und bald tief beobachten kann.

Bezüglich des Verhaltens der Gonokokken bei der chronischen Blennorrhoe liegen die Dinge nicht ganz klar. Nach Bumm würden die Rezidive des akuten Prozesses in der Weise stattfinden, dass die Gonokokken im letzten Stadium der akuten Harnröhrenentzündung, wodurch sich neugebildetes Epithel über der tiefen Schicht anhäuft, genöthigt sind, mehr oberflächlich über und hinter der äusseren Epithelschicht hervorzukommen. Wenn kein intercurrenter Reiz hinzukommt, trennen und scheiden sich die Gonokokken, welche an der Oberfläche liegen, von der Epithelschicht aus und dann scheint der Prozess zu Ende zu sein.

Gleichzeitig verschwindet der Entzündungszustand des Corpus papillare. Aber kaum kommt ein äusserer Reiz hinzu, so steigert sich der Prozess von neuem. Es kommt zu Lymphextravasat, Leucocythenauswanderung und Zerreissung der dicken Epithelschicht. Nach dieser Zerreissung des Epithels dringen die Gonokokken, welche hinter und unter der oberflächlichen Schicht zurückgeblieben waren, von neuem tief unter das Corpus papillare, und rufen einen Reiz und eine wirkliche Entzündung mit Eiterung hervor, also ein Rezidiv.

Durch dieses lange Zeit und wiederholte Hervorkommen der Gonokokken auf demselben Boden durch viele Generationen hindurch wird deren Virulenz vermindert. Dafür giebt es verschiedene Beweise: 1. die chronische Gonorrhoe wird leichter übertragen als solche alsdann, wenn sie wieder akut geworden ist;

2. jedes folgende Recidiv dauert immer kürzer, weil der Reiz der Gonokokken auf das Corpus papillare immer geringer ist; 3. dieser Reiz wird schliesslich so schwach seitens der Gonokokken, dass sie lange auf dem Corpus papillare bleiben können, ohne davon durch den Ausscheidungsprozess entfernt zu werden.

Diese letzte Besonderheit würde die Thatsache erklären, welche leichter bei der Gonorrhoe des Weibes bemerkt werden kann, nämlich das vollständige Fehlen von Gonokokken trotz des Bestehens anderer Krankheitsprodukte, Sekrete und gonorrhoischer Fasern. Bei dieser geschwächten Virulenz der Gonokokken nach vielen Generationen entsteht ein reizbarer Zustand in der tiefen Epithelschicht, und in dem Papillarkörper bildet sich ein anderer, nicht weniger wichtiger Zustand derselben histologischen Veränderungen, welche sich allmählich in dem Gewebe entwickeln, heraus, also Infiltration, chronische Hyperplasie des Bindegewebes und deren Umwandlung in fibrilläres Bindegewebe. Diese Veränderungen machen das Nährbodengewebe steril für neue Generationen der Gonokokken.

Schliesslich berichtete F i n g e r in der Sitzung vom 15. Juni des Jahres 1897 in der medizinischen Gesellschaft zu Wien ausser den Resultaten über Reinkultur der Gonokokken auch über Ergebnisse anderer Studien über anatomische Affektionen der Harnröhrenentzündung. Er hatte in die Harnröhre eines Individuums, dessen Tod in Folge schwerer Krankheit unmittelbar bevorstand, eine Gonokokkenreinkultur injizirt. Die darauf folgenden krankhaften Veränderungen bestanden in akuter perifollikulärer Entzündung, Abschuppung des Epithels, kleinzelliger Infiltration des Bindegewebes, eitrigem Katarrh der Morgagnischen Divertikel und der Littréschen Drüsen, Gegenwart von Gonokokken auf der Oberfläche des Bodenepithels der fossa navicularis und im Innern der Cylinderzellen.

Nach dieser nothwendigen Abschweifung auf die Resultate der neuesten Studien über die Pathologie und Histologie der Bakterien der chronischen gonorrhoischen Prozesse kehren wir wieder zum klinischen Theil über die D i a g n o s e d e r c h r o n i s c h e n p r o s t a t i s c h e n H a r n r ö h r e n e n t z ü n d u n g zurück.

Bei der o b j e k t i v e n U n t e r s u c h u n g der H a r n - r ö h r e zaudere man nicht mit dem Instrument zu untersuchen, wenn auch Reizzustände bestehen, welche den gonorrhoischen

Prozess in ein akutes und subakutes Stadium geführt haben, also
wenn im Urin sich reichliche Schleimabsonderung zusammen mit
gonorrhoischen Fasern bildet. Auch wenn der Prozess im
chronischen Stadium bleibt, zögere man gleichfalls nicht, die
hintere Harnröhre mit Instrumenten zu untersuchen, wenn man
auch im Zweifel ist über den Sitz des Prozesses, also wenn man
nicht ganz sicher ist, ob die Gonorrhoe die pars prostatica membranacea ergriffen, und somit das Hinderniss des Compressor
Urethrae überschritten hat, obwohl man mit dem Instrument selbst
auf die hintere gesunde Harnröhre den Ansteckungsstoff der
vorderen Harnröhre übertragen kann. Ein solcher Zweifel besteht
immer, wenn noch Absonderung an der Harnröhrenöffnung vorhanden ist, und wenn der in ein Glas entleerte Morgenurin keine
Trübung und keine Anwesenheit von Fasern in dem zweiten
Theile mehr zeigt.

Wenn bei der Thompsonschen Probe, welche man in zweifelhaften Fällen von Reizzustand der vorderen Harnröhrenportion
machen muss, der entleerte Urin trüb ist und gonorrhoische Fasern
enthält, dann kann man sicher sein, dass der chronische spezifische
Prozess in der hinteren Harnröhre sitzt. In diesem Falle, ausgenommen ist stets eine augenblickliche Exacerbation, ist man
nicht blos berechtigt, sondern es ist auch rathsam, die instrumentelle Untersuchung auszuführen, um sich über besondere
Zustände der hinteren Harnröhre und der Prostata Kenntniss zu
verschaffen.

Man würde dann verschiedene Untersuchungen mit Sonden
von kleinem und besonders von dickem Kaliber, mit dem Urethrometer und dem Endoskop ausführen. Aber auch die Untersuchung
mit dem Endoskop darf nur ausgeführt werden, nachdem man zu
wiederholten Malen Sonden dicken Kalibers angewendet hat, nachdem also die Schleimhaut schon an die Ausdehnung und den
Reiz gewöhnt ist. Sie ist angezeigt als Heilmittel in den Fällen,
wo eine lokale chronische Gonorrhoe besteht, und wo der Prozess
sich hartnäckig und widerspenstig gegen die Heilung verhält,
trotz einer rationellen und gut ausgeführten lokalen Therapie.

Wenn man auf das Bestehen von Spermatorrhoe und Prostatorrhoe untersucht, muss man daran denken, dass oftmals das, was
für eine dieser abnormen Sekretionsfunktionen gehalten wird,
nichts weiter ist, als eine einfache Urorrhoe, welche Fürbringer

eine urorrhoe ex libidine und Diday suintement muceaux nennt.
Sie kommt bei Personen vor, die kürzlich von einer Gonorrhoe
geheilt sind, ferner bei Personen, welche onaniren, und bei solchen,
welche sich in einer Periode sexueller Excesse befinden. Diese
fortdauernde Hypersekretion der Harnröhrenschleimhaut, eine
wässerige klebrige Absonderung, zeigt unter dem Mikroskop nur
wenig organische Elemente, Schleimkörperchen und Epithel. Es
fehlen Eiterkörperchen. Endlich finden sich nicht selten in geringer
Zahl verschiedene Kokken und Bakterien, besonders ein kurzer
Bazillus zwischen den Epithelzellen, aber keine Gonokokken.
Diese besonders morgendliche Urorrhoe wird häufig verwechselt mit chronischer Harnröhrenentzündung. Man muss deshalb sehr behutsam mit der Diagnose sein, auch weil eine energische
Lokalbehandlung mit Nothwendigkeit die Sekretion vermehren
und Entzündungserscheinungen veranlassen würde. Diese Form
heilt leicht durch Injektionen von Sublimat von 1:4000.

Was die Prostatorrhoe betrifft, so zeigt sie sich entweder
nach der Heilung einer hinteren Harnröhrenentzündung, besonders
wenn diese mit Epididymitis komplizirt ist, oder bei Onanisten,
ohne dass eine Harnröhrenentzündung vorhergegangen ist. Deshalb ist Prostatorrhoe allein kein absoluter Beweis für die Existenz
einer hintern Harnröhrenentzündung, sondern es sind noch andere
Begleitsymptome nothwendig. Die Prostatorrhoe kann andererseits auch von einer chronischen Prostatitis abhängen. Sie entsteht auch künstlich in Folge mechanischer Kompression der
Prostata vom Rectum her oder mittelst eingeführter Sonde dicken
Kalibers von der Harnröhre aus. Die mikroskopische Untersuchung des Prostatasekrets wurde schon im Anfang abgehandelt,
als wir von der Sekretion der Harnröhre sprachen. Es soll nur
hinzugefügt werden, dass Finger bei zahlreichen und aufmerksamen Untersuchungen im Sekret der Prostatorrhoe niemals Gonokokken oder andere Mikroorganismen finden konnte.

Es muss noch von einem andern pathologischen Zustande, der
bei der sexuellen Neurasthenie sehr häufig ist, gesprochen werden,
der auch für die Diagnose wichtig ist. Er giebt sich durch eine
Trübung des Urins zu erkennen. Man könnte ihn daher mit
gonorrhoischer Urethritis verwechseln. Das ist die Phosphaturie.
Wenn man von einem Kranken den Urin beobachtet, welcher in
zwei Portionen gelassen ist in Fällen von chronischer Harnröhren-

entzündung, so sieht man nicht selten, dass beide Portionen eine weisse, milchige Trübung zeigen mit leichtem Stich ins Grünliche. Es ist ein körniger und fadenförmiger Niederschlag vorhanden. Das wird häufig für Blasenkatarrh gehalten. Bei der mikroskopischen Untersuchung erscheint dieses Sediment ganz zusammengesetzt aus Calciumphosphat und Calciumkarbonat. Das erstere ist amorph in Häufchen von kleinen amorphen Körnchen, das zweite in keilförmigen Krystallen zu Fächern oder Rosetten vereinigt. Bei der Prüfung der Urinreaktion findet sich, dass sie schwach sauer, neutral oder alkalisch ist. Wenn man aber zu dem trüben Urin ein paar Tropfen Essigsäure zusetzt, wird er sofort klar, und wenn kohlensaurer Kalk vorhanden ist, entwickeln sich Gasbläschen.

Dieser Zustand heisst Phosphaturie. Man findet ihn:

1. bei akuter und chronischer Gonorrhoe, bei welcher die Person für lange Zeit sich saurer, pikanter, salziger Speisen und saurer Getränke enthält;

2. bei chronischer Harnröhrenentzündung und bei sexueller Neurasthenie zusammen mit Polyurie, als Sekretion bei Neurosen;

3. wenn man bei akuter oder chronischer Harnröhrenentzündung alkalische Mineralwässer braucht, welche unglücklicherweise zu oft bei dieser Krankheit ärztlich verordnet werden. Und hier sei nebenbei gesagt, dass die alkalischen Getränke, mit ihrer Neigung die Acidität des Urins zu vermindern, eine günstige Bedingung schaffen für das Leben der Gonokokken. Sie verschlimmern den gonorrhoischen Prozess und verlängern ihn ins Unendliche, denn sie bieten den Gonokokken einen alkalischen Nährboden, welcher ihrem Fortkommen vortrefflich günstig ist.

Die Phosphaturie verläuft manchmal ohne subjektive Symptome. Manchmal erregen die reichlich vorhandenen phosphorsauren Kalkkrystalle beim beständigen Durchpassiren mit dem Urin, Brennen in der Harnröhre und Strangurie. Ein anderes Kennzeichen besteht darin, dass die Phosphaturie nicht permanent ist, und die Trübung anstatt sich Morgens zu zeigen wie bei der Harnröhrenentzündung, sich vielmehr im Laufe des Tages zeigt, während der Morgenurin klar ist. Die Phosphaturie geht zum Unterschied von dem Katarrh der Harnröhre, leicht vorüber und heilt nach dem Gebrauch vegetabilischer Säuren, wie Essigsäure, Citronensäure und besonders Milchsäure.

Bei der instrumentellen Untersuchung der Harnröhre ist es am wichtigsten, auf eine Harnröhrenverengerung zu fahnden. Nächst der prostatischen Harnröhrenentzündung nimmt die Striktur sogar den ersten Platz in der Reihe der lokalen Aetiologie der sexuellen Neurasthenie ein. Auch ihre Diagnose ist nicht immer leicht, da man besonders mit nervösen Individuen zu thun hat, die sehr reizbar sind und eine hyperästhetische Harnröhre haben, bei welchen der Harnröhrenkrampf eine fast beständige Erscheinung ist, und der allemal eintritt, wenn man mit einem soliden Körper — Sonde — ohne Hinderniss bis zum Bulbus gekommen und nun in die hintere Harnröhre einzudringen versucht. Dann kontrahirt sich der Compressor Urethrae in Folge Reflexthätigkeit stark vor dem Instrumente. Diese Kontraktion kann so stark und dauernd sein, dass man es mit einer Striktur zu thun zu haben glaubt, umsomehr, als kleinkalibrige Sonden nicht nur nicht passiren, sondern den Krampf selbst steigern.

Ueber den Befund einer Striktur in der vorderen Harnröhre kann kein Irrthum obwalten, da von der Harnröhrenöffnung bis zum Bulbus in der Harnröhre keine besondern Muskeln oder Sphincteren vorhanden sind. Wenn man aber die hintere Harnröhre in den oben erwähnten Fällen bei Personen mit Urethralhyperästhesie erforschen will, ist die Harnröhre gut zu kokainisiren und in besonderen Fällen, wenn der allgemeine Zustand des Kranken es erlaubt, ist der Kranke zu chloroformiren.

Wenn der Prozess auf die Schleimhaut lokalisirt ist, können keine Stenosen entstehen. Aber wenn der Entzündungsprozess in Form chronischer Hyperplasie das submucöse Gewebe befällt, dann heilt das chronische Infiltrat mittelst Umbildung in verdichtetes Bindegewebe. Es entsteht die Stenose im ersten Stadium frühzeitig in Form der Schleimhautschwellung, im zweiten Stadium später in Form der Narbe.

Die ersten, weichen Stenosen, solche weiten Kalibers, die breiten Stenosen von Otis, kann man nicht leicht mit den gewöhnlichen Mitteln der Untersuchung, Sonden oder olivenförmigen oder cylinderförmigen Bougies auffinden, weil ihre Nachgiebigkeit und die Dehnbarkeit der Harnröhre an der Stelle, wo sie sitzen, nicht geringer ist als die weite der Harnröhrenöffnung. Hiervon kann man sich leicht überzeugen, wenn man die Anatomie und Physiologie der Harnröhre berücksichtigt, die von hoher Wichtigkeit, aber wenig bekannt und viel weniger beachtet sind.

Die Dehnbarkeit der Harnröhre wächst gradatim von ihrer Oeffnung bis zum Bulbus im mittleren Verhältniss von 20:45, von dem membranösen Theile zur Mitte des prostatischen Theiles im Verhältniss von 30:45, und von diesem zum Blasenostium von 45:30.

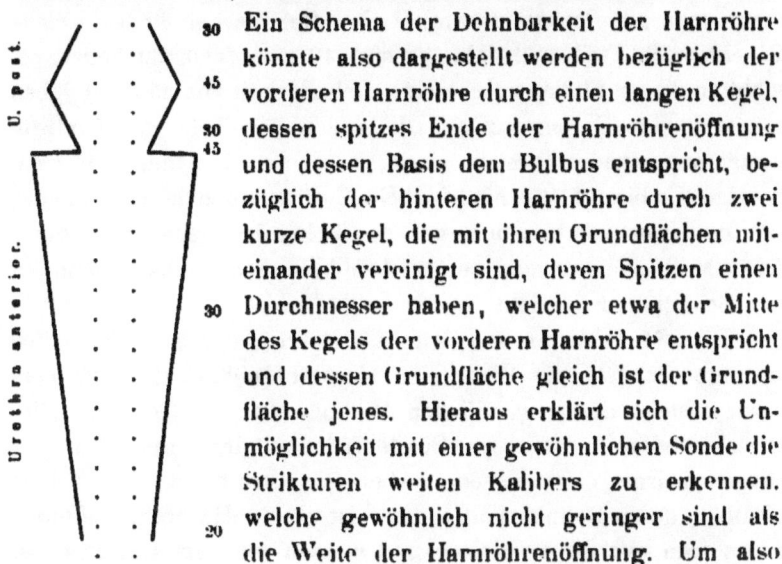

Ein Schema der Dehnbarkeit der Harnröhre könnte also dargestellt werden bezüglich der vorderen Harnröhre durch einen langen Kegel, dessen spitzes Ende der Harnröhrenöffnung und dessen Basis dem Bulbus entspricht, bezüglich der hinteren Harnröhre durch zwei kurze Kegel, die mit ihren Grundflächen miteinander vereinigt sind, deren Spitzen einen Durchmesser haben, welcher etwa der Mitte des Kegels der vorderen Harnröhre entspricht und dessen Grundfläche gleich ist der Grundfläche jenes. Hieraus erklärt sich die Unmöglichkeit mit einer gewöhnlichen Sonde die Strikturen weiten Kalibers zu erkennen, welche gewöhnlich nicht geringer sind als die Weite der Harnröhrenöffnung. Um also eine genaue Diagnose zu stellen, muss man mit dem Urethrometer von Otis untersuchen. Diese weiten Strikturen sitzen meistens im Bulbus und seiner Nachbarschaft. In einer Statistik über 320 Fälle von Striktur hat Thompson festgestellt, dass in 54 Fällen der Sitz der Striktur von der Harnröhrenöffnung bis zu 5 cm in der pars pendula, in 51 in der Mitte der pars spongiosa und in 216 Fällen am Bulbus und ersten Theil der pars membranacea war. Die Stenose entwickelt sich ziemlich langsam. Thompson konnte in einer Statistik von 164 Fällen feststellen, dass nur 10 sich entwickelt hatten direkt nach einer akuten Gonorrhoe, und 71 andere waren erschienen nach 1 Jahre, 41 nach 3—4 Jahren, 22 nach 7—8 Jahren und 20 nach 20—25 Jahren.

Um die Urethrometrie auszuführen, führt man das von seiner Gummihülle bedeckte Instrument geschlossen ein bis zum Bulbus, und hier fängt man an, es zu erweitern. Ist die Harnröhre normal, so gelingt die Erweiterung leicht, bis der Index 40—45 anzeigt. Dann zieht man langsam das Instrument zurück, wobei der Zeiger

sinkt auf 40 zwischen Bulbus und Penoscrotalwinkel, auf 35 am
Penoscrotalwinkel, auf 30 im untern Drittel der pars pendula, auf
25 am mittleren Drittel, auf 20 am vorderen Drittel. Wenn diese
Verhältnisse bestehen, dann liegt keine Verengerung vor. Wenn
man aber an irgend einem Punkte der Harnröhre diese Verhältnisse geändert findet, dann besteht eine Verengerung. So z. B.
wenn man am Penoscrotalwinkel eine Dehnbarkeit findet, welche
25 entspricht, während dahinter sich 40 und davor 30 findet, besteht an dieser Stelle, welche eine Dehnbarkeit von 35 hätte geben
müssen, eine Verengerung. Die andere Methode den Urethrometer anzuwenden besteht darin, dass man den Index jedesmal
wenigstens bis auf 24 erniedrigt beim Zurückziehen des Instruments,
um ihn darauf von neuem so weit es möglich ist wieder zu steigern.
Diese Methode ist vorzuziehen, weil sie keine schmerzhafte Dehnung
der Schleimhaut bewirkt.

Die Strikturen engen Kalibers, deren Dehnbarkeit
geringer ist als die Weite der Harnröhrenöffnung, kann man
auch mittelst der gewöhnlichen Methode der elastischen, cylindrischen oder olivenförmigen Sonden, oder mit den Sonden Béniqué
diagnostiziren und messen. Aber die Strikturen von weitem
Kaliber, deren Dehnbarkeit grösser ist als die Harnröhrenöffnung,
kann man nur diagnostiziren und messen mit dem Urethrometer
von Otis. Dieses Instrument kann auch den Grad von Miss-
verhältniss feststellen, welches z. B. besteht zwischen einer stark
verengerten Harnröhrenöffnung und der Dehnbarkeit des Bulbus,
abnormen Verhältnissen, die gar nicht selten Ursache nervöser
Störungen sind und welche im Verein mit andern Ursachen zur
Entwicklung der sexuellen Neurasthenie Anlass geben. Die Weite
der Harnröhrenöffnung wird auch bestimmt mittelst des Finger-
schen Stifts, einem einfachen, aber sehr bequemen Instrumente
in Form eines kurzen, leicht konischen Stifts, welcher in verschiedenen Höhen eine gradweise Numerirung hat. Diese entspricht dem Kaliber der gewöhnlichen Sonden nach Charrier's
Skala. Man kann damit, bevor man andere Instrumente anwendet,
die Weite der Anfangsöffnung der Harnröhre erkennen, und somit das Kaliber der Sonde, welche passiren kann.

Zu den beschriebenen Untersuchungsmethoden, die dazu
dienen, das Bestehen eines chronischen Prozesses der Urethritis
prostatica und einer Harnröhrenverengerung festzustellen, kommt

7*

noch eine andere feinere und genauere Untersuchung über den Entzündungszustand der Harnröhre und der Urinblase und über die Natur der Verengerung. Dieses wird ermöglicht durch die Anwendung des Endoskops. Hier können natürlich die verschiedenen zu diesem Gebrauch erfundenen Instrumente oder die Art ihrer Anwendung nicht beschrieben werden, umsomehr als die Anwendung des Endoskops viel praktische Uebung in der Deutung dessen erfordert, was das Auge beobachtet. Das Studium der Urethrocystoskopie umfasst heute an sich ein so grosses Feld, dass es einen ganzen Band füllen würde. Von allen ist das neue Leiter'sche Endoskop am meisten im Gebrauch und zu empfehlen.

Der Befund der Veränderungen bei der chronischen Urethritis ist bei der Anwendung dieser neuen Untersuchungsmethode, der Urethroskopie, ein sehr interessanter. Sie lässt Sitz und Wesen der Veränderungen genau erkennen. Folgendes sind die Hauptveränderungen, welche sich bei der chronischen Urethritis zeigen:

Zuerst die Trichterform, welche sich bei der Betrachtung der normalen Harnröhre zeigt, erscheint unregelmässig, schlanker und kürzer. In andern Fällen aber, wo die Anschwellung hart ist, nähert sich die Schleimhaut nicht so leicht und der Trichter erscheint länger. Andere Male erscheint dieser Trichter unsymmetrisch wegen Ungleichheit der Exsudate. Es zeigen sich geschwollene, hervorragende Falten, welche die runde punktförmige Gestalt des Centrums stören, das dadurch sich oval oder in verschiedenen konvexen Kreisen zeigt. Da, wo wie im Bulbus normalerweise kein Trichter erscheint, zeigen sich Anschwellungen als runde Wülste. Sie sind weniger hervorragend, wo die Infiltration stärker ist. Andere Male erscheint kein runder Wulst, sondern nur eine Spalte in der Mitte des Gesichtsfeldes.

Diese letztern Veränderungen an der Oberfläche haben verschiedene Färbung, von roth zu dunkelroth und blauroth, welches verschieden vertheilt sein kann. In andern Fällen zeigt sich die Schleimhaut das eine Mal feuchter und glänzend, das andere Mal öfters opak. Diese Erscheinung hängt in vielen Fällen vom Verlust des Epithels ab. Die Oberfläche sieht wie fein durchlöchert aus, während in andern Fällen die Oberfläche rauh wie Sammet ist. Andere Male erscheint die Schleimhaut trüb, wie geschwellt, die Oberfläche hat die Glätte der normalen Schleimhaut verloren und ist vollständig mit einer Menge dunkelrother Granulationen, von verschiedener Grösse, Form und Aussehen bedeckt. Das giebt oft den Anblick einer granulirenden Wunde. Neben diesen Veränderungen können sich wirkliche trachomatöse Granulationen zeigen.

Auch die Mündungen der Morgagni'schen Lacunen können erodirt und stark geröthet sein mit oberflächlichen unregelmässigen Geschwüren, plaques von verdicktem und opakem Epithel.

Alle diese schnell aufgezählten verschiedenen pathologischen Veränderungen können sich auch zusammen in der Harnröhre finden. Aber jede Region hat ihre spezielle Prädilektionsveränderung. So erscheint am Blasenhalse bei einem bald sehr kleinen, bald sehr verlängerten Trichter wegen der starren Infiltration des Exsudats die Schleimhaut von einem stark blaurothen Kolorit. Die strahligen Falten, welche vom Mittelpunkte ausgehen, erscheinen sehr hell, hier und da unzusammenhängend; ihre Oberfläche ist an vielen Punkten erodirt und blutet leicht bei Berührung mit dem Tampon.

Im vordern Theile der p a r s p r o s t a t i c a bei Fällen von Urethritis chronica prostatica zeigt sich das Caput gallinaginis ziemlich entzündet, die Schleimhaut livid, durchlöchert, sammetartig, und Berührung mit dem Tampon verursacht heftigen Schmerz, während die Schleimhaut der Nachbartheile durch ihre Blässe mit dem Dunkelroth des Caput gallinaginis kontrastirt. F i n g e r hat im prostatischen Theile niemals die Granulationen feststellen können, welche D e s o r m e a u x gefunden haben will.

In der p a r s m e m b r a n a c e a kann man nur Schwellungen, Röthung und kleine Erosionen finden.

In dem v o r d e r e n T h e i l e der H a r n r ö h r e zeigen sich nicht selten Granulationen, besonders im Bulbus. Die pars pendula jedoch bietet ein sehr verändertes Bild: Höfe von Granulationen und von verdickten Epithelanhäufungen wechseln ab mit einfachen katarrhalischen Schwellungen, Röthungen und Erosionen.

Nach den Erscheinungen der verschiedenen Krankheitsbilder der Harnröhre könnte die chronische Urethritis unterschieden werden nach einigen Autoren in einfache, granulose, ulceröse, trachomatöse u. s. w. Das ist aber nicht annehmbar, weil diese Erscheinungen keine verschiedenen Prozesse darstellen, sondern verschiedene Phasen desselben Prozesses. In letzter Zeit hat Oberländer mit dem von ihm modifizirten Nitze-Leiter'schen Endoskop die Veränderungen der chronischen Urethritis studirt. Seine Befunde sind sehr zahlreich und wissenschaftlich, auch praktisch interessant. Mit der neuen und reichen Nomenklatur, die von ihm eingeführt ist, bilden sie heute einen besondern und sehr wichtigen Zweig beim Studium der blennorrhagischen Prozesse. Freilich gegen seine 4 Typen von Urethritis glandularis muss man einwenden, dass die anatomisch-histologischen Thatsachen nicht immer mit dem klinischen Prozess übereinstimmen, um so mehr, als weder Neelsen noch Finger bei ihren histologischen Untersuchungen die Existenz wirklicher glandulärer oder periglandulärer Erkrankungen feststellen konnten.

Diese Untersuchungsmittel setzen uns schon in Stand, mit wissenschaftlicher Kritik in der sichersten Weise den Zustand der Harnröhre und der zugehörigen Organe zu bestimmen. Sie ermöglichen die oftmals sehr schwierige Diagnose der chronischen prostatischen Urethritis, welche das wichtigste Objekt bei der Untersuchung der sexuellen Neurasthenie bildet.

Als vom Verhältniss einiger Krankheiten und pathologischen Zustände zur sexuellen Neurasthenie gesprochen wurde, lernten wir kennen, dass Litämie, Phosphaturie und Oxalurie, sich häufig im neurasthenischen Prozess als Symptome und als Komplikationen darstellen können. Deshalb muss das Bestehen dieser abnormen Zustände in diagnostischem und therapeutischem Interesse ergründet werden.

Die chemische Untersuchung des Urins oder die mikroskopische Prüfung seines Sediments setzen uns in Stand, leicht die Anwesenheit von Harnsäure und Uraten, Oxalaten und Phosphaten zu diagnostiziren, wenn sie bei übermässiger Anhäufung im Blute jene krankhaft veränderten Ernährungszustände bilden, welche unter dem Namen Gicht (Uricämie, Litämie), Onalurie und Phosphaturie bekannt sind und die in direkter Beziehung zur sexuellen Neurasthenie stehen.

Die Trübung des Urins, die Fälle einbegriffen, in denen es sich um einen Entzündungsprozess der Harnröhre oder Blase handeln kann, vermag durch Schleim, Eiter, Urate, Oxalate, Phosphate verursacht sein.

Der Schleim lagert sich im Urin, wenn dieser eine Stunde lang ruhig steht, auf dem Grunde des Glases in Form einer Wolke ab, welche sich löst durch Kali oder Natronlauge. Der mikroskopisch untersuchte Bodensatz zeigt Epithel der Harnröhre und der Harnblase und kann Epithel aus dem Harnleiter, aus dem Nierenbecken, ferner Nierenepithelien und Nierencylinder enthalten.

Der Eiter bildet ein dichtes Sediment auf dem Boden des Gefässes und der Urin wird plötzlich alkalisch. Fügt man Kalilauge zu, so wird der Niederschlag zäh und gelatinös. Unter dem Mikroskrop findet man Eiterzellen mit 1—4 Kernen.

Die Harnsäure erkennt man, wenn man auf 30 g Urin 5 g Salzsäure zusetzt und 24—48 Stunden stehen lässt. Nach dieser Zeit lagern sich auf den Wänden und auf dem Boden des Glases röthlich braune Krystalle ab. Die Vergleichung mit einer gleichen Quantität gesunden Urins, der in derselben Weise behandelt ist, bildet das Kriterium zur Feststellung des Uebermaasses dieser Säure. Die Harnsäure ist meistens begleitet von reichlichem Sediment Urate, welche sich beim Abkühlen niederschlagen und sich beim Erwärmen wieder lösen. Die Harnsäurekrystalle sind leicht im Mikroskop erkenntlich an ihrer braunrothen Farbe und an ihrer ovalen, rhombischen Form. Im Glase lösen sie sich mit Kalilauge und fallen von neuem aus beim Zusatz von Salzsäure oder Essigsäure. Harnsäure kann man vereint finden theilweise mit drei Basen, Soda, Ammoniak und Kalk: sie bildet die Harnsäuresalze. Diese Niederschläge, welche nicht zu erkennen sind im gelassenen Urin, werden sichtbar bei dessen Abkühlung. Sie sind charakteristisch unter dem Mikroskop. Die Krystalle des harnsauren Natrons bilden entweder schwarze runde Körperchen, von denen sich kleine Punkte abtrennen, oder häufiger einen amorphen Niederschlag. Das harnsaure Ammonium bildet Rosetten und Kreuze oder Kugeln. Der harnsaure Kalk bildet ein amorphes Sediment. Fügt man Salzsäure hinzu, so entstehen Krystalle der Harnsäure.

Unter den Oxalaten ist der oxalsaure Kalk hauptsächlich unlöslich in Essigsäure, was ihn von den Phosphaten unterscheidet, unlöslich in Alkalien, was ihn von Harnsäure unterscheidet, und löslich in mineralischen Säuren. Unter dem Mikro-

skop zeigt er sich in farblosen octaëdrischen Krystallen in Brief-
deckelform oder auch in Hantelform (dumbbells).

Die Phosphate fallen immer aus während der alkalischen
Gährung. Es sind phosphorsaure Ammoniakmagnesia und
phosphorsaurer Kalk. Die erstere in der Form rechtwinkliger
Rhomben, welche bei Zusatz von Essigsäure verschwinden; der
zweite ist amorph.

Um die verschiedenen Sedimente zu unterscheiden, bedient
man sich auch der chemisch-mikroskopischen Prüfung. Indem
man unter dem Deckgläschen konzentrirte Essigsäure zusetzt, verschwinden die Krystalle der Phosphate, während jene der Urate
schwinden, indem sie Bildungen von Harnsäurekrystallen Platz
machen. Wenn Zusatz von Essigsäure das Sediment nicht ändert,
handelt es sich entweder um Harnsäure oder um oxalsauren Kalk.
Setzt man Kalilauge zu, so lösen sich die Harnsäurekrystalle,
während jene der Oxalate unlöslich zurückbleiben, sich dagegen
in Salzsäure lösen.

Bei genauer Kenntnis aller dieser Besonderheiten sind wir
immer im Stande, eine exakte Differentialdiagnose zwischen
Litämie, Phosphaturie, Oxalurie und chronischer prostatischer Urethritis zu stellen. Und wenn wir alle Untersuchungsmethoden anwenden, die wir kennen gelernt haben, sind
wir auch im Stande, immer eine genaue Diagnose der chronischen
prostatischen Urethritis selbst in den schwierigsten Fällen und
in solchen zu stellen, in welchen der Krankheitsprozess keine
subjektiven Erscheinungen macht und sich im latenten Stadium
befindet. Sind so die Ursachen der lokalen und allgemeinen
Nervenstörungen, die den neurasthenischen Zustand charakterisiren,
aufgedeckt, so kann man mit Sicherheit die Diagnose der sexuellen
Neurasthenie stellen.

Erinnern wir uns ferner, dass, wenn in der grösseren Zahl
von Fällen die sexuelle Neurasthenie streng an die chronische
prostatische Urethritis gebunden ist, diese doch in manchen andern
Fällen fehlen kann. Dann muss man die Ursache der Neurasthenie
in andern pathologischen Veränderungen der Geschlechtsorgane
suchen. Diese Veränderungen haben wir schon erwähnt beim
Besprechen der organischen Impotenz, die durch angeborne oder
erworbene Missbildung der äusseren Genitalien oder der Harnröhre verursacht wird. Deren Untersuchung ist also von grösster

Wichtigkeit, und um so mehr, wenn die gewöhnlichste Krankheitsursache der sexuellen Neurasthenie, nämlich die chronisch prostatische Urethritis fehlt.

Die hauptsächlichsten dieser **a n g e b o r e n e n** oder **e r w o r b e n e n M i s s b i l d u n g e n** beim gesunden Manne sind: Phimosis, ein sehr langes Präputium, Hypospadie, Varicocele, Elephantiasis des Skrotums und des Penis, sehr umfangreiche Hydrocele, Knickung des Penis durch sehr kurzes Frenulum oder durch entstellende Narben, sogenannte Verknöcherung der Schwellkörper, Geschwülste des Penis, umfangreiche Skrotalhernien u. s. w. Auch beim Weibe giebt es angeborne oder erworbene Anomalien der Genitalorgane, wie Hypertrophie der Klitoris, Atresie der Vagina, Adhärenzen, Fisteln, Fehlen der Vagina oder des Uterus u. s. w. Alle diese krankhaften Zustände sind meistens leicht zu diagnosticiren. Ihr Bestehen ist sehr wichtig. Jeder derselben kann, wenn er auf neuropathischem Boden oder bei Personen sich entwickelt, welche in der einen oder andern Weise ihre Geschlechtsfunktionen missbraucht haben, hinreichend Ursache zur Entwicklung der sexuellen Neurasthenie sein.

Bezüglich der Symptomatologie und pathologischen Anatomie der **c h r o n i s c h e n g o n o r r h o i s c h e n P r o z e s s e b e i m W e i b e**, welche häufig die Ursache der sexuellen Neurasthenie sind, soll nur so viel gesagt werden, als zur Stellung einer genauen Diagnose genügt. Hier und da sollen einige Betrachtungen angestellt werden zu dem Zwecke, verschiedene weniger bekannte oder weniger beachtete Thatsachen und manche Besonderheiten aufzuklären, mit welchen uns erst kürzlich angestellte Untersuchungen ausgezeichneter Venereologen bekannt gemacht haben.

Wenn wir bei der **U n t e r s u c h u n g d e r G e s c h l e c h t s o r g a n e e i n e s W e i b e s** uns von dem Bestehen eines blennorrhagischen Prozesses überzeugen wollen, werden wir mit der Harnröhre beginnen, indem wir untersuchen, ob eine Entzündung der Harnröhre besteht. Wir beobachten, ob Sekret in der Harnröhrenöffnung erscheint, wenn wir mit dem Finger von der Vagina aus die Harnröhre von oben herab nach vorwärts und unten ausdrücken. Erscheint Sekret an der Oeffnung spontan oder nach Druck, so zeigt es bei mikroskopischer Untersuchung fast immer die Anwesenheit von Gonokokken, wenn der Prozess subakut ist. Aber wenn der Prozess chronisch ist, können zahlreiche Untersuchungen vergeblich sein.

Man geht dann zur Untersuchung des Urins über. Man lässt die Patientin in zwei Gläser uriniren. Wenn man den ersten Urin trüb und den zweiten klar findet, handelt es sich um einfache Harnröhrenentzündung. Ist auch die zweite Urinportion trüb, so handelt es sich um Urethrocystitis, weil beim Weibe bekanntlich die Harnröhre nur aus einem Theil besteht, in welchem zum Unterschied vom Manne ein wirklicher Sphincter besteht, der eine richtige Trennung zwischen Harnröhre und Blase bezeichnet. Es bildet also sich nicht wie beim Manne der Blasenhals. Dadurch hat die Harnblase beim Weibe eine grössere Kapazität. Hieraus folgt, dass ein Rückfluss von Eiter aus der Harnröhre in die Blase nicht möglich ist. Man kann deshalb genau genommen, die Harnröhre des Weibes nicht mit der prostatischen Portion der männlichen Harnröhre vergleichen, wie Zeissl 1884 sagte, sondern vielmehr mit der portio membranacea, wie Finger und andere behaupten.

Beim Weibe verschwindet der akute und subakute Prozess schnell. Der Eiter wird nicht mehr im Sekret beobachtet. Die Sekretion kann entweder thatsächlich aufhören oder sich in der Form eines einfachen Katarrhs zeigen. Und da bei vielen Untersuchungen keine Gonokokken gefunden werden, könnte man glauben, es sei Heilung eingetreten. Doch dem ist nicht so, weil sehr viel öfter als beim Manne die Urethritis beim Weibe leicht in das chronische Stadium übergeht. Die Symptome der chronischen Harnröhrenentzündung beim Weibe sind nur objektiv. Zugleich mit wenig durch starken Druck ausgepresstem Sekret, nachdem mehrere Stunden lang kein Urin gelassen ist, erscheint der Urin trüb oder voll von blennorrhoischen Fasern.

Die Harnröhre beim Weibe ist reich an Follikeln, welche theils längs des Kanals, theils an der Mündung sitzen. Zwei Arten von Follikeln verdienen unsere Aufmerksamkeit. Sie liegen beide in der Nachbarschaft der äussern Harnröhrenöffnung. Die einen in der hinteren Wand der Harnröhre in zwei Reihen mit den Mündungen gegen die Harnröhrenöffnung; die andern sind besonders periurethral, und umgeben die Harnröhrenöffnung in der Anzahl von 4—5. Eine oder beide Reihen von Follikeln können von dem blennorrhagischen Prozess afficirt sein. Sie sind von grosser Wichtigkeit für die Diagnose und Behandlung der Krankheit. Für die Diagnose, weil Druck, welcher Eiter aus den

Follikeln hervortropfen lässt, vortäuschen kann, der Prozess betreffe die ganze Harnröhre. Es braucht aber auch der in ihnen eingenistete Eiter überhaupt nicht zum Vorschein zu kommen. Für die Behandlung, weil, wenn diese Follikel nicht vollständig vom blennorrhoischen Prozess befreit werden, dieser letztere schwer ausheilen kann.

Wenn man bei einer bleunorrhagischen Follikelentzündung erkennen will, ob ein chronischer blennorrhagischer Prozess auch in der Harnröhre besteht, so drückt man das Sekret aus den Follikeln heraus und reinigt sorgfältig. Darauf drückt man längs des Harnröhrenkanals von der Vagina aus, oder lässt die Patientin in zwei Gläser uriniren. So hat man in der einen oder andern Weise festgestellt, dass Urethritis existiert oder nicht. Das Bestehen dieser Follikelentzündung kann auch zu kleinen Abzessen und Fisteln führen. Bei der Untersuchung der chronischen Harnröhrenentzündung mit dem Endoskop erscheinen auf der Schleimhaut Flecken, Streifen und Erosionen, welche zum Theil die Oeffnungen der hervorragenden Follikel umgeben.

Die chronische Entzündung der Vagina ist manchmal diffus, manchmal umschrieben. In beiden Fällen fehlen die subjektiven Erscheinungen. Die Sekretion ist nicht reichlich. Die Untersuchung mit dem Spekulum zeigt in diffusen Fällen Verdickung der Schleimhaut mit hervorragenden Flecken, blassrothe oder livide Färbung und Erosionen. In lokalisirten Fällen beobachtet man einen oder mehrere rothe Flecken mit erodirter oder geschwellter Schleimhaut. Als Uebergangsform dieser chronischen Vaginitis findet man häufig eine Veränderung besonders bei Prostituirten, welche in einer Art fibröser Degeneration besteht und Xerosis vaginae heisst. Diese ist analog einer chronischen Stomatitis mit Psoriasis der Mundschleimhaut und ist unheilbar.

Die Untersuchung auf Gonokokken in der Vaginalportion ist schwierig, weil das Vaginalsekret eine ausserordentliche Menge anderer Organismen enthält, und die Gonokokken sich konstant intracellular aufhalten. Deshalb ist es nöthig, mittelst einer antiseptischen Irrigation die Vagina von den fremden Mikroorganismen zu reinigen und eine lebhafte Zellwucherung hervorzurufen, durch welche die Gonokokken frei werden und an die Oberfläche kommen. Eine andere Probe besteht darin, mit einem Löffel etwas Sekret und oberflächliches Epithel leicht abzuschaben. Dabei werden regelmässig Gonokokken gefunden.

Bei der chronischen Vulvitis verschwindet der Prozess von der Schleimhautoberfläche und bemächtigt sich der Drüsen, und zwar unter diesen hauptsächlich der Bartholinischen Drüsen, aber auch der andern Drüsen des Vestibulums, also derjenigen der äussern Harnröhrenöffnung, der zahlreichen Drüsen und Follikel der Innenflächen der kleinen Schamlippen und der benachbarten Fimbrien. Diese Formen sind sehr heimtückisch, um so mehr, weil sie keine Symptome machen. Nur nach wiederholten Untersuchungen findet man hier und da geröthete Höfe, deren abgeschabte oder sammetartig glänzende Schleimhaut manchmal ein Knötchen bedeckt, welches ein geschwollener Follikel ist, oder schliesslich auch kleine sehr schmerzhafte Geschwürchen.

Martineau hat nachgewiesen, dass diese chronischen Entzündungen der Vulva in Folge von wiederholtem Coitus oder lokalen Reizungen sich steigern, und dass aus den Follikeln ein Sekret mit zahlreichen Gonokokken abgesondert wird.

Die chronische Entzündung der Bartholinischen Drüsen entwickelt sich fast beständig in Folge einer chronischen Blennorrhoe der übrigen Theile der Genitalien. In manchen Fällen bemerkt man eine knotige schmerzlose Verhärtung, welche auf Druck ein wenig Sekret herauskommen lässt, welches meistens Gonokokken enthält. In andern Fällen sieht man allein die Oeffnungsmündung des Drüsenkanals geröthet, und durch Druck kann man ein wenig Sekret erhalten, in welchem sich ebenfalls Gonokokken befinden.

Die chronische Entzündung der Bartholinischen Drüsen zusammen mit Erkrankung der periurethralen Follikel ist häufig die einzige Lokalisation der chronischen Blennorhoe in den Sexualorganen des Weibes. Diese Thatsache ist von grossem praktischen Interesse für die Sanitätsbeamten, die mit der Untersuchung der Prostituirten beauftragt sind, welche an dieser lokalen Form des gonorrhoischen Prozesses leiden. Weil die Prostituirten mit oder ohne Absicht bei der Reinigung ihrer Genitalien die Cysten ausdrücken und ihr Sekret entfernen können, zeigen sie bei der darauf sofort folgenden Visitation kein Sekret des gonorrhoischen Prozesses und scheinen daher gesund zu sein. Diese

Thatsache erklärt auch noch, wie solche Weiber bald inficiren können und bald nicht, sowie ferner wie ein Weib, bei welchem ein Mann sich ganz bestimmt infizirt hat, nach der lokalen Besichtigung für gesund erklärt werden kann. Die chronische gonorrhoische Entzündung der Bartholinischen Drüsen ist eine sehr hartnäckige Krankheit. Sie kann sich steigern, kann zu Abscessen führen und manchmal, wie Sänger 1889 beobachtet hat, zu einer akuten gonorrhoischen Pelviperitonitis.

Die chronische blennorrhagische Metritis entwickelt sich selten aus der akuten Form, meistens direkt als Komplikation der chronischen Gonorrhoe und findet sich oft bei jungen Frauen, welche sich mit Männern verheirathen, die an chronischer Harnröhrenentzündung leiden. In manchen Fällen sitzt der Prozess schon in der Vulva und in der Vagina, in andern Fällen allein im Uterus. Die subjektiven Symptome sind ein dumpfer Schmerz im Becken und im Kreuz, besonders nach körperlicher Ueberanstrengung oder nach Excessen beim Coitus vor oder nach der Menstruation. Die Untersuchung mit dem Spekulum zeigt Schwellung, Röthung und leichtes Ectropium der Schleimhaut des Cervix mit grösserer oder geringerer schleimigeitriger Sekretion. Die Untersuchung mit dem Finger lässt leichte Vergrösserung und Schmerzhaftigkeit der Gebärmutter erkennen. In Folge hiervon ist der Typus der Menstruation gestört, gewöhnlich tritt diese zu spät ein und nach ihr ist die Sekretion sehr reichlich, selten treten die Menses zu früh ein oder zeigt sich Metrorrhagie. Die Steigerungen können den gonorrhoischen Prozess zu den Adnexen des Uterus hinleiten und Perimetritis, Peritonitis, Entzündungen der Fallopischen Tuben und der Ovarien hervorbringen. Anatomisch ist die Schleimhaut des Uterus entweder hypertrophisch bis zur papillären und polipösen Verdickung, wobei die Drüsen cystisch degeneriren, oder sie ist xeratisch, weisslich, gespannt, bedeckt von hornartigem Plattenepithel.

Die blennorrhagischen Prozesse der Anhängsel des Uterus entwickeln sich direkt aus jenen des Uterus selbst.

Die Perimetritis zeigt sich im chronischen Stadium, begleitet von Seitwärtslagerung des Uterus, dessen Fundus meistens nach rechts sieht, und von Ueberempfindlichkeit im Douglas'schen Raum, wo man harte Stränge fühlt.

Die Salpingitis ist eine häufige chronische Affektion

und a priori zu betrachten nach S ä n g e r , als Centrum des Entzündungsprozesses und als Infektionsheerd des ganzen Uterus und Peritonealanhanges in allen Fällen von Entzündung dieser Organe. T e i t 1884 und H o w a r d 1886 beschäftigten sich mit Fällen von gonorrhoischer Pyosalpingitis. In einem Fall, den W e s t e r m a r k 1886 berichtet, wurde eine Pyosalpingitis in Folge extrauteriner Schwangerschaft angenommen und die Laparotomie ausgeführt. Die exstirpirte Tube zeigte sich in ihren Wandungen infiltrirt, verdickt, und in dem eitrigen Exsudate derselben fanden sich zahllose Kolonien von typischen Gonokokken. Der Fall von O r t m a n n (1887) ist in anderer Weise interessant. Eine Frau, verheirathet an einen Mann, der wiederholt an Gonorrhoe gelitten hat, fing 8 Wochen nach der ersten Gravidität an Brennen beim Uriniren und heftigen Schmerzen im Unterleib zu leiden. Bei der Untersuchung fanden sich Geschwülste im linken Ovarium, Oophoritis und rechtsseitige Salpingitis. Die Laparotomie, ausgeführt zwecks Exstirpation beider Ovarien, liess auffinden eitrige Salpingitis, Ovarialhämatom, Perisalpingitis und Perioophoritis der rechten Seite, katarrhalische Salpingitis, Perisalpingitis und linksseitige Perioophoritis; beide Tuben stark verlängert und erweitert, und in einem abgekapselten Abscesse der rechten Fallopischen Tube zeigte der eitrige Inhalt sehr reichliche Gonokokken wie im perakuten Stadium der männlichen Gonorrhoe der Harnröhre. Schliesslich hat W e r t h e i m 1890 in 3 Fällen die Anwesenheit von Gonokokken nicht blos im Inhalte der Fallopischen Tuben, sondern auch im Gewebe derselben gefunden und nachgewiesen. Also Salpingitis, Perioophoritis, einseitige oder doppelseitige Pelviperitonitis entwickeln sich als gonorrhoische Erkrankungen des identischen spezifischen Prozesses, welcher im Uterus besteht. Es sei nur noch hinzugefügt, dass in allen diesen Fällen die Laparotomie beschlossen war nicht nur wegen der schweren lokalen Störungen, sondern auch wegen der verschiedenen und nicht weniger lästigen Genitalstörungen, deren Symptomenkomplex eine klassische Form von Neurasthenie bildet. So hatte die Laparotomie eine doppelte therapeutische und diagnostische Indikation. Man verdankte ihr die Heilung der schweren Krankheiten und die Entdeckung eines blennorrhagischen Prozesses, welchen an diesen Stellen kein Mittel sicher hätte diagnostiziren können. Wie man auch in diesen Fällen sieht, handelte es sich um wahre und besondere sexuelle Neurasthenie.

Hiermit ist nun alles das auseinandergesetzt, was die Symptomatologie der sexuellen Neurasthenie und die Mittel betrifft, eine exakte Diagnose der pathologischen Prozesse zu stellen, welche sehr gewöhnlich und direkt sich als nächste Ursache der sexuellen Erschöpfung zeigen. Nunmehr sollen ein paar Worte über die Prognose dieser Affektionen gesagt werden.

Die Prognose der sexuellen Neurasthenie ist sehr schwierig mit Sicherheit aufzustellen. Sie ist fast immer zweifelhaft. Häufig zeigt sie sich ungünstig, wenn der neurasthenische Prozess nicht gut geheilt ist; manchmal günstig. Wir sprechen hier von der Prognose quoad valetudinem, während die Prognose quoad vitam immer günstig ist, wie wir im zweiten Kapitel gezeigt haben.

Ob und wann der neurasthenische Prozess heilt, kann man niemals mit Sicherheit von vornherein sagen. Der mehr oder weniger günstige Ausgang der unternommenen Kur hängt meistentheils von der Art ab, wie die Therapie selbst ausgeführt wird. Je mehr sie auf rationeller Basis beruht, je mehr sie sucht, die Grundursache der Krankheit zu bekämpfen, je zahlreicher ihre disponiblen Mittel und je vollkommener die Anwendungsmethoden sind, desto günstiger werden ihre Resultate sein, gerade wie in einer Schlacht numerische Stärke, vervollkommnete Angriffs- und Vertheidigungsmittel, günstige Disposition, weise Truppenführung, promptes und energisches Interveniren im entscheidendsten Momente und in den schwierigsten Lagen am sichersten den Sieg verleihen werden.

Die Prognose der Neurasthenie hängt heute genau von der Therapie in derselben Weise und demselben Grade ab, wie die blennorrhagischen Prozesse im chronischen Stadium selbst. Wer also behaupten würde, wie noch viele heute thun, eine Urethritis posterior mittelst Injektionen von der Harnröhrenöffnung aus zu heilen, wird niemals einen Gonorrhoiker heilen, und noch weniger der, dessen ganzes therapeutisches Armamentarium für diesen spezifischen Prozess in einer kleinen Injektionsspritze und in 15—20 Rezepten zum innern und äussern Gebrauch bestände. Die ungeheuren Fortschritte in der neuen Therapie der gonorrhoischen Prozesse, seitdem diese der Gegenstand zahl-

loser und gründlicher Studien waren, welche den gonorrhoischen
Prozess als den wichtigsten des venereologischen Gebietes feststellen, haben einen werthvollen Anstoss für den Fortschritt der
Therapie der sexuellen Neurasthenie selbst ergeben, die in der
chronischen prostatischen Harnröhrenentzündung die konstanteste
und wichtigste Aetiologie hat.

Vorausgesetzt also, dass die Therapie sich auf der modernen
wissenschaftlichen Höhe befindet; vorausgesetzt, dass der Kranke
selbst mit dazu beiträgt, mit festem Willen und Ausdauer die Be-
strebungen des Arztes zu unterstützen in diesem harten Kampfe
gegen einen Feind, der in vielen Fällen wohl verschanzt, in andern
zerstreut, oftmals verborgen ist, und von welchem wir erwarten
müssen, immer betrogen und überrascht zu werden, vorausgesetzt,
dass nichts in der Anwendung der direkten Heilmittel bei der
wirklichen und am meisten schädlichen Ursache der Krankheit
verfehlt wird, so können wir sicher sein, die meisten Sexual-Neur-
astheniker zu heilen und jene wesentlich zu bessern, welche an den
schwersten und veraltetsten Formen leiden.

Therapie der sexuellen Neurasthenie.

Der mässige und in natürlicher Weise ausgeübte Geschlechtsverkehr übt bei einem gesunden Individuum einen günstigen Einfluss auf das Nervensystem aus. Er verursacht Beruhigung, bewirkt Schlaf, regt den Verdauungsapparat an und verhält sich wie ein Sicherheitsventil der überschüssigen Nerven- und Blutwallungen. Unmässiger und unnatürlich ausgeübter Geschlechtsverkehr dagegen übt einen ungünstigen Einfluss auf das Nervensystem aus, ruft Unruhe und Schlaflosigkeit hervor, stört die Funktionen des Verdauungsapparates und den Tonus der Nerven und schwächt die Stärke der Blutcirkulation.

Gebrauch und Missbrauch andererseits sind ein sehr relativer Begriff. Sie verhalten sich wie die Diät. Wie nämlich die Menge der Speise, welche für den einen absurd erscheint, für den andern kaum genügt, seinen Hunger zu stillen, so kann bei manchen Personen der einmal wöchentlich ausgeübte Coitus Schlaflosigkeit, Nervosität, Kopfschmerz, geistige Depression herbeiführen, während bei andern Personen er täglich ausgeübt keine merkliche weder lokale noch allgemeine Störung hervorbringt. Im Allgemeinen sind die extremen Fälle im einen wie im andern Sinne Ausnahmen, und stellen weder pathologische noch normale hygienische Zustände dar.

Die s e x u e l l e H y g i e n e bei einem gesunden Individuum ist enthalten in drei Vorschriften: Wirkliches und dringendes Bedürfniss, Mässigung bei der Befriedigung des Bedürfnisses, natürliche Ausübung.

Ein verständiger Mann, welcher seine Vernunft nicht seinem Können unterordnet, weiss sich bei der Ausübung des Geschlechtsverkehrs, wie bei der Diät und bei andern Lebensfunktionen, in der Weise zu reguliren, dass er keine gefährlichen Excesse begeht. Er wird nicht leben, um zu lieben, sondern lieben, um zu leben, wie er isst, um zu leben und nicht lebt, um zu essen.

Der nicht normale Geschlechtsverkehr, wenn er auch per vias naturales ausgeübt wird, ist für die körperliche und geistige Gesundheit sehr schädlich. Zu diesen abnormen Methoden gehört die Gewohnheit, die schon oben erwähnt wurde, den Coitus zu unterbrechen, um die Wollust zu verlängern, ihn kürzere oder längere Zeit darauf wieder zu beginnen und neue erfolgreiche Erektionen zu erregen. Dazu gehört ferner die Gewohnheit, den Coitus zu unterbrechen im Momente der Ejaculation, sodass das Sperma nicht in die Vagina injizirt wird; die Gewohnheit den Coitus in kurzen Intervallen oder auch mehr als einmal in 24 Stunden zu wiederholen; der fortgesetzte Gebrauch von Condoms oder von andern Schutzapparaten, welche eine raffinirte Kunst vielfach anfertigt, mehr als nöthig ist, zum Schaden der Moralität und mit geringem hygienischen Nutzen. Alle diese wiederholten Anwendungen führen zu lange dauernden verhängnissvollen Konsequenzen, indem sie das Nervensystem der edelsten Organe und Apparate ruiniren.

Wenn die lokale Hygiene den G e b r a u c h der C o n d o m s billigen und anrathen kann, als nützliche Präservativmittel gegen venerische Krankheiten und gegen Syphilis, so kann dagegen die allgemeine Hygiene und besonders jene, welche bei unserm Gegenstande interessirt, nämlich das Individuum vor jeder schädlichen Ursache der Nervenschwäche, und in erster Linie vor der sexuellen Neurasthenie zu bewahren, ihren Gebrauch nicht anrathen. Aber da die meisten Menschen ihre überschüssige Kraft nicht im Zaum zu halten vermögen, so will Barrucco die Condoms mit Reservoir als am wenigsten schädlich gestatten. Denn solche Apparate, wie die mit dem Namen Suspensator, welcher „die vollständige Einführung des Penis auch bei unvollkommener Erektion gestattet", und deshalb gerühmt wird, „als ein positives Hülfsmittel bei der Impotenz in Folge von missbräuchlichen sexuellen Excessen, von deprimirenden moralischen Ursachen, vorgeschrittenem Alter etc." ist nicht nur vollständig zu verwerfen vom Standpunkt der sexuellen Hygiene, sondern würde auch aus Gründen der Moral zu verurtheilen sein. Es ist nicht zu sagen, wie sich in kurzer Zeit eine vorübergehende Halbimpotenz in eine vollständige und dauernde

Impotenz umwandeln kann, wie sie, indem sie den Lüstling befähigt, dieses lächerliche Bild der Umarmung häufig und in kurzen
Zwischenräumen zu wiederholen, bei ihm erzwungene beständige
Samenverluste hervorbringt, welche in kürzester Zeit das Nervensystem erschöpfen und bei dem Unglücklichen die schwerste Form
der sexuellen Neurasthenie hervorrufen.

Wenn man die Behandlung eines Falles von sexueller Neurasthenie übernimmt, muss man vor allem für die Störungen Sorge
tragen, welche die grössten und schnellsten Verwüstungen im
Organismus hervorbringen. So zeigt sich uns oft als erste Indikation die Behandlung der Pollutionen und der Spermatorrhoe.

Man weiss, dass die Samenverluste oftmals Ursache von
Nervenkrankheiten sind, aber auch die Folge derselben sein
können. Besonders gilt das von der sexuellen Neurasthenie.
Beim Bekämpfen einer solchen schweren Störung richtet man deshalb nicht nur eine Präventivbehandlung der sexuellen Neurasthenie ein, sondern in einem Fall von ausgesprochener Krankheit bekämpft man auch gleich das schwerste Symptom der
Nervenerschöpfung. In allen Fällen müssen die Pollutionen
energisch mit hygienischen und besonders therapeutischen Maassnahmen bekämpft werden.

Man darf natürlich nicht jeden als an Spermatorrhoe leidend
betrachten, der Samenverluste hat. Denn bei ledigen oder keuschen
Personen sind die nächtlichen Samenverluste, welche von Zeit zu
Zeit eintreten, die natürliche Folge der sexuellen Abstinenz.
Gegen sie ist keine Behandlung einzuleiten. Vor allem ist jede
Selbstbehandlung abzurathen, da sie sich entweder ohne Nutzen,
viel häufiger aber schädlich zeigt.

Aber wo diese Samenverluste sich zu oft wiederholen, und
der Organismus sich dadurch geschwächt fühlt, wo sie sich besonders nicht beschränken auf die unfreiwilligen nächtlichen
Pollutionen, welche im Schlaf sich ereignen, nachdem immer
Erektionen und erotische Erregungen vorhergegangen sind, sondern
in der Form der wirklichen Spermatorrhoe auftreten während des
Wachens entweder nach dem Uriniren (Minktionsspermatorrhoe,)
oder nach der Stuhlentleerung (Defäkationsspermatorrhoe), also
in der Form wirklicher Krankheit, da ist es unvermeidlich, mit
einer energischen Allgemein- und Lokalbehandlung zu beginnen.

Die allgemeine Behandlung richtet sich gegen die nervöse Erschöpfung selbst, die Allgemein- und Lokalbehandlung gleichzeitig gegen die Läsionen der hintern Harnröhre, besonders der Urethritis chronica prostatica und der darauf gefolgten Reizbarkeit der Prostata. Die Lokalbehandlung erstreckt sich auf die Urethritis chronica prostatica, worüber hernach gesprochen wird.

Die allgemeine Behandlung, welche in allen Fällen von wahrer und andauernder Spermatorrhoe angewendet werden muss, besteht im Kombiniren von Sedativa mit tonischen Mitteln, durch welche das Genitalsystem und das Nervensystem im Allgemeinen günstig beeinflusst zu werden pflegen, indem sie den Nerven den verlornen physiologischen Tonus widergeben. Zu diesem Zweck sind in letzter Zeit als wirksam erkannt worden: Ergotin in seinen verschiedenen Kombinationen, die Eisen- und Zinkpräparate, Bromkampfer, Lupulin, Belladonna, Digitalis, Cicuta, Gelsemium, Nux vomica und andere. Nachstehend einige Rezepte:

Rp. Zinc. phosp. 0,25.
Extr. nuc. vom. 1,0.
f. pil. 50.
S. 3 pro Tag.

Rp Zinc. brom.
Zinc. valerian.
Zinc. oxydat. aa 1,0.
Mass. pilul. q. s. ut. f.
Pilul. 20.
S. 3 pro Tag.

Rp. Camphor. monobrom. 1,0
Sacchar. alb. 9,0.
F. c. spirit. viu. q. s. pastill.
No. 10.
S. 4 pro Tag.

Rp. Tinct. gelsem. sempervir.
Tinct. colchic aa. 10,0.
3 Mal täglich 10 Tropfen.

Rp Zinc. phosphor
Extr. nuc. vom. aa 0,33.
Extr. Quassiae
Extr. Liquir. aa q. s
s. Pilul. 20.
S. 3 pro Tag.

Rp. Camph. monobrom. 2,0.
Ol. oliv. 20,0.
Gumm. arab. 10,0.
Aqu. 150,0.
M. f. emuls adde
Oleosacchar. menth. 15,0.
DS. 3 Mal tägl. 1 Esslöffel.

Rp. Cicut. bromidrat. 0,02.
Aq. destill. 120,0.
Aq. meuth
Syrup. aa 30,0.
DS. 3 Mal tägl. 1 Esslöffel.

Zugleich mit der internen Behandlung ist auch zu empfehlen die allgemeine und lokale elektrische Behandlung und die methodisch fortschreitende Sondenbehandlung.

Ferner empfiehlt Barrucco bei der Minktionsspermatorrhoe, wenn sie von grosser Empfindlichkeit der Harnröhre und der Prostata begleitet ist, und besonders wenn bei der Anwendung der Barrucco'schen thermoskopischen Sonde die Temperatur vermehrt gefunden wird, als äusserst wirksames Mittel die Kühlsonde von Winternitz jeden 2. Tag, indem man einen Wasserstrom von gradweise absteigender Temperatur von 20 bis 10⁰ C. für 15—30 Minuten durchfliessen lässt. Wo ferner der Reizzustand sehr stark ist, oder sich lästige Reflexempfindungen auf dem Damm und am After hinzugesellt haben, und sich besonders Defäkationsspermatorrhoe zeigt, würde es noch wirksamer sein, zeitweise die Anwendung der Winternitz'schen Sonde mit der Finger'schen Mastdarmkühlsonde zu vereinigen. Mit diesen alleinigen oder kombinirten Anwendungen hat Barrucco manchmal wunderbare Erfolge erzielt, nicht blos durch Beseitigung der Spermatorrhoe in kurzer Zeit, sondern auch aller subjektiven lästigen Symptome, reizbare Prostata, Brennen und häufigen Urindrang, Druckgefühl am Damm, neuralgische Schmerzen, Pruritus analis, Beschwerden im Mastdarm und andere, welche die chronische prostatische Urethritis begleiten und die quälendsten Lokalsymptome der sexuellen Neurasthenie bilden. Die Ausführungsart dieser Anwendungen wird bei der Lokalbehandlung der chronischen prostatischen Urethritis und der Prostatitis besprochen werden.

Gute Hülfsmittel sind daneben die lokalen Adstringentien: Alaun, Zinksulfat, Argentum nitricum, Kupfersulfat, angewendet in der hintern Harnröhre entweder als Lösung mit der Ultzmannschen Spritze, oder als lösliche Stäbchen mit dem Dittel'schen Aetzmittelträger oder als Salben mit der Tommasoli'schen Salbenspritze. Die Adstringentien koaguliren das katarrhalische Produkt, ziehen die Harnröhrenschleimhaut zusammen, vermindern die Reflexreizbarkeit der glatten Muskelfasern der Ausführungsgänge, erhöhen den Tonus der sensiblen Nervenendigungen und wirken deshalb günstig gegen die häufige Entleerung der Samenbläschen.

Wo es sich nachweisen lässt, dass die Ursachen dieser verschiedenen Arten der Spermatorrhoe allein auf Missbrauch durch Onanie, sexuellen Excessen, unregelmässigem Leben, häufigem und langem Reiten u. s. w. beruhen, da muss man den Kranken, wenn sie von ihren Samenverlusten geheilt sind, rathen, die Ehe einzugehen, damit sie in ihr im allgemeinen und besonders in ihrer sexuellen Thätigkeit ein regelmässigeres Leben führen.

Ausser der allgemeinen, lokalen, symptomatischen und kausalen Behandlung der Spermatorrhoe wurden auch mechanische Mittel erfunden, um die Samenverluste während des Schlafes zu verhindern, also um das Individuum aufzuwecken, nachdem eben die Erektion eingetreten ist, die ja fast immer der Pollution vorhergeht. Zu diesem Zweck sind kleine elektrische Klingelapparate konstruirt worden, welche bei geöffnetem Stromkreis an dem obern Theile des Penis in schlaffem Zustande angelegt werden und deren Stromkreis geschlossen wird, sobald die Erektion eintritt, worauf das Glöckchen anfängt zu klingeln. Häufiger werden kleine Apparate mit doppeltem Ringe angewendet — Empêcheur — in verschiedener Form und System, welche ebenfalls dem Penis in schlaffem Zustande angelegt werden. Wenn Erektion erfolgt, erweitert der Penis den innern Ring und drückt ihn gegen den äussern Ring, der mit Stacheln besetzt ist, welche durch das Erregen des Schmerzes das Individuum aufwecken. Freilich sind diese mechanischen Mittel nicht zu empfehlen, wenn man nur durch sie die Heilung der lästigen Beschwerden erhofft. Wenn sie auch erreichten, dass der Kranke zeitig aufwacht, bevor Ejaculation erfolgt, so führt dieses Hinderniss thatsächlich nicht dazu, die Ursache der Pollutionen selbst zu beseitigen und den durch die nervöse Erschöpfung verdorbenen allgemeinen Zustand zu bessern. Auch werden die Kranken durch diese mechanischen Mittel gequält, unnöthig ermattet, nicht ein-, sondern mehrmals im Schlafe gestört, durch den beständigen Kampf gereizt und erwachen am Morgen von vornherein sehr abgeschlagen und schlaff.

Man bedenke, dass der andauernde Reizzustand der prostatischen Portion der Harnröhre, von dem die Samenverluste allein Folgeerscheinungen sind, sich nicht durch eine solche Behinderung vermindern kann und dass der Krankheitszustand des Leidenden dadurch nicht günstig beeinflusst wird. Auch kann in gewissen Umständen das mechanische Hinderniss gegen die Entleerung des Samens üble Folgen nach sich ziehen, indem es den Kongestivzustand der Harnröhre, der Prostata und der Ausführungsgänge vermehrt.

Es giebt ferner Fälle, in welchen die häufigen und unaufhörlichen nächtlichen Pollutionen mit wahrer Minktions- und Defäkationsspermatorrhoe vereinigt, den Kranken vollständig erschöpfen, wenn sie sich energisch zwingen müssen, sich in Acht zu nehmen. Bei der kausalen Therapie, bei der tonischen sedativen internen Behandlung, bei der elektrischen Behandlung etc. kann es übrigens nützlich sein, in der ersten Zeit auch die mechanischen Mittel mit anzuwenden, welche durch die abnorme und fremde Reaktionsweise des Nervensystems der Neurastheniker und durch die Suggestibilität, die man nicht selten bei ihnen findet, auch günstig auf die Psyche des Patienten und deshalb indirekt durch Reflexthätigkeit auch auf die Nerven des Sexualapparates wirken können.

Wir kommen nun zu einer andern wichtigen Behandlung, nämlich jener der Impotenz, eines so häufigen Begleitsymptoms der sexuellen Neurasthenie in einer spätern Periode, welches für sich allein in hohem Grade deprimirend auf die Moral des Individuums wirkt und welches in dieser Weise für sich allein einen Grund zur Verschlimmerung des neurasthenischen Zustandes bilden kann, indem es zahlreiche psychische Reflexsymptome erweckt.

Die Impotenz, wie die Spermatorrhoe und andere schon beschriebene Symptome der sexuellen Neurasthenie, wird nicht als Krankheit für sich allein behandelt, sondern immer in Abhängigkeit und Verein mit andern krankhaften Erscheinungen, die zusammen den pathologischen Hauptprozess, die nervöse Erschöpfung, bilden. Indem man die Spermatorrhoe behandelt, übt man eine Präventivbehandlung der Impotenz aus, die ihr oft direkt folgt. Andere Male aber besteht Impotenz, ohne dass Spermatorrhoe jemals vorhergegangen ist.

Bei der Therapie der Impotenz, und wir wollen von der Impotentia coeundi sprechen, handelt es sich um die nächste Ursache, welche sie veranlasst hat. Bald muss man die Wirkung der therapeutischen Mittel auf das Genitalnervensystem beschränken, wenn es sich um Impotenz nur durch nervöse Erschöpfung, ohne Lokalaffektionen handelt. Bald ist man auf chirurgische Mittel angewiesen, wenn die Impotenz von Lokalveränderungen begleitet ist, also organische Impotenz vorliegt. Bald richtet sich die Therapie gegen die moralischen Zustände, wenn es sich nämlich um psychische Impotenz handelt. Manchmal hat man die Lokalbehandlung mit der allgemeinen zu verbinden bei der Impotenz nach chronischer prostatischer Urethritis mit oder ohne Spermatorrhoe, Prostatorrhoe und andern lokalen Reflexstörungen.

In den Fällen von grosser Schwäche des Nervensystems und in jenen, wo eine allgemeine Behandlung angezeigt ist, kann man vortheilhaft innerlich brauchen: Oleum phosphoratum, Ergotinpräparate, Eisen und Nux vomica.

Rp. Ol. phosphorat. 1,0
Gummi arab. 5,0
Aqu. menth. 100,0
Syrup. simpl. 50,0
Mf. emuls. DS. Ein Kaffeelöffel 3 bis
6 mal täglich.

Rp Strychni
Phosphor. aa. 0,015
Extr canab. indic. 0,12
Limaturae ferri 2,0
Radic. Rhei 0,4
Mf. Pilul. No. 25. 3 mal täglich 1 Pille vor dem Essen.

Heute wird mit Vortheil auch angewendet Aurum chlorat. und Damiana.

Rp. Aur. chlorat. 0,2—0,5
Aqu. destill. 20,0
In vitr. nigro. 10—20 Tropfen 3 mal täglich; steigern bis auf 50 Tropfen.

Rp. Estr. fluid. Damian. 50,0
D. 3—6 Kaffeelöffel täglich

Tonika des Genitalnervensystems sind: die Wurzel von Ginseng (Panax quinquefolium), aus welcher Pastillen und ein Wein hergestellt werden, Ambra und Moschus.

Rp. Radic. ginseng. 3,0
Vanille 6,0
Zimmtessenz gutt. 1,0
Tinct. ambrae gutt. 2,0
Sacchar. 100,0
Mucilag. q. s. f. Pastillen No. 180
D. 4—8 pro Tag.

Rp. Ambra grigia 4,0
Moschi 2,0
Croci oriental.
Caryophyll.
Zingiber aa. 4,0
Sacchar. 16.
M. Divid. in pulv. XII.
DS. täglich 2 Pulver.

Ein anderes sehr bekanntes Mittel gegen Impotenz, aber mit dem man sehr vorsichtig sein muss, und welches man anzuwenden verstehen muss, um nützliche Wirkung davon zu sehen, sind die Canthariden. Es ist besser die Tinktur im Getränk anzuwenden:

Rp. Tinct. Cantharid. 10,0
Tinct. ferr. sesquichlor. 10,0
Tinct. Nuc. vom. 15,0
20—40 Tropfen in ½ Glas Wasser
2—3 mal täglich.

Rp. Tinct. Cantharid.
Tinct. moschi
Tinct. nucis vomic.
Tinct. Cinnamomi aa. 3,0
DS. 20—40 Tropfen in 1 Glas Wein.

Bemerkenswerth ist die Verschiedenheit der Wirkung sehr kleiner und sehr grosser Gaben von Canthariden und auch von Belladonna. Während grosse Dosen stark reizend wirken auf den Blasenhals, setzen sehr kleine Dosen deutlich den Reiz- und Kongestivzustand des Blasenhalses und der Prostata herab. Die organische Impotenz muss behandelt werden mit chirurgischen Mitteln, über welche wir später sprechen werden.

Die Impotentia generandi, welche von einer Affektion der Hoden oder der Prostata oder der Samenbläschen und der Duktus ejaculatorii, oder schliesslich von sehr hochgradiger Harnröhrenverengerung abhängt, muss behandelt werden, indem man die Therapie gegen deren Grundursachen richtet.

Schliesslich schwindet die psychische Impotenz, die häufig ist bei Hypochondern und Neuropathen, fast immer beim Eintritt ins eheliche Leben und durch Entfernung der Ursachen der geistigen Depression, der moralischen Besorgniss, der krankhaften Furcht, besonders der Pathophobie.

Die leichteste Affektion des Genitalapparates oder auch ein schwacher Verdacht, dass eine solche besteht, und der Gedanke impotent zu sein, weil in einem vorhergehenden Falle eine schlechte Probe abgelegt ist, können bei einem stark neurasthenischen Menschen eine psychische Zerrüttung und die fixe Idee einer unheilbaren Störung des Geschlechtssystems hervorbringen, und durch Reflexwirkung wirkliche funktionelle Störungen deprimirender Natur in andern Haupt- oder Nachbarcentren, und besonders im Genitalapparate hervorrufen.

Diese Form der Impotenz, welche das Leben eines auch gebildeten und geistreichen Mannes schrecklich verbittern kann, wenn sie hartnäckig besteht und nicht durch moralische Behandlung beseitigt wird, verschwindet schnell durch eines der angegebenen tonischen Aphrodisiaca und bei elektrischer Behandlung. Wo es sich um ein hypnotisirbares Individuum handelt, würde man ein positives Resultat mittelst der hypnotischen Suggestion erlangen.

Bis jetzt haben wir bei der Behandlung der sexuellen Neurasthenie einige Thatsachen betrachtet, welche wegen ihrer Wichtigkeit eine Spezialtherapie erfordern. Wir haben von Maassnahmen gesprochen, die manchen sehr schweren Erscheinungen der Krankheit vorbeugen und manche solche Symptome unter-

drücken, welche direkt zur Verschlimmerung der Krankheit selbst
Anlass geben, d. h. wir haben die Art der Bekämpfung der
Spermatorrhoe und Impotenz studirt. Aber nachdem man einen
Kranken von seiner Spermatorrhoe oder Impotenz geheilt hat,
darf man keineswegs glauben, er sei auch von der sexuellen
Neurasthenie geheilt und unsere Aufgabe sei zu Ende.

Es bleibt vielmehr noch vieles zu thun bei der Behandlung
dieser Krankheit. Besonders müssen sich unsere therapeutischen
Bemühungen gegen zwei Hauptpunkte, gegen den pervertirten
allgemeinen oder Konstitutionszustand und gegen die
veränderten Lokalzustände des Organismus richten. Unsere
Behandlung muss demnach eine allgemeine oder konstitutionelle
und eine lokale sein. In den meisten Fällen werden diese Be-
handlungsmethoden kombinirt, entweder gleichzeitig oder abwechselnd. Und hauptsächlich durch eine kluge und wohl
geregelte Anordnung der Therapie, die zur richtigen Zeit und
am richtigen Orte und auf diese oder jene Gruppe von Krankheits-
symptomen wirkt, aber nicht durch eine feste, vorherbestimmte,
schablonenmässige lokale oder allgemeine Behandlung, erreicht
man wirklich erfolgreiche Heilresultate.

Wegen der häufigen und vielfältigen nervösen Reflexstörungen,
welche in jedem Haupt- oder Nebencentrum des ganzen Organismus
während des neurasthenischen Prozesses entstehen, erweist sich
in drei Viertel der Fälle die allgemeine Behandlung, einschliesslich
der hygienischen und psychischen Behandlung unvermeidlich,
gleichzeitig mit Lokalbehandlung. Diese letztere kann also für
sich nur in ein Viertel der Fälle allein in Frage kommen.

Die allgemeine oder konstitutionelle Behandlung
der sexuellen Neurasthenie unterscheidet sich im Prinzip nicht
von jener der andern Neurasthenieformen. Sie lässt sich in folgenden
Vorschriften zusammenfassen: Individualisiren in den Behandlungs-
methoden, häufiger Wechsel des therapeutischen Vorgehens, Unter-
brechung der Kur von Zeit zu Zeit, Unterstützung der Therapie
durch hygienische Maassnahmen, die aber nicht für sich allein
genügen.

Bei der Behandlung der sexuellen Neurasthenie ist es nicht
möglich, sich auf eine einzige Methode zu beschränken. Denn
für sie giebt es ebensowenig ein Spezificum wie für irgend eine
andere Krankheitsform, und jedes Individuum bietet uns einen

andern Krankheitstypus und verschiedene Indikationen für die Behandlung. Bei diesem pathologischen Prozess haben wir keine Krankheit zu behandeln, sondern Krankheitsfälle zu bekämpfen, besonders hinsichtlich der Thatsache, dass es der sexuellen Neurasthenie mehr als jeder andern Krankheitsform eigenthümlich ist, dass bei ihr deutliche individuelle Idiosynkrasie gegen jedes Medikament und therapeutische Verfahren auftreten kann.

Diese sonderbare und unerklärliche Art eines Organismus verschieden von einer andern zu reagiren, ist häufig. Sie erschwert unsern Heilplan in der Weise, dass Medikamente von wohl bekannter Wirkung, auf welche wir uns absolut verlassen können, weil sie immer in analogen Fällen den besten Beweis geliefert haben, manchmal uns vollständig im Stich lassen, oder gar sich schädlich zeigen.

Nehmen wir z. B. die Brompräparate. Sind diese in vielen Fällen eine wirkliche Wohlthat und bringen sie eine beruhigende, niederschlagende Wirkung hervor, so vermehren sie in andern Fällen die Nervosität. Dasselbe gilt vom Chinin und Strychnin, welche bei manchen Personen deprimirend wirken, während sie in den meisten Fällen Tonica und Excitantien sind, oder von kalten und warmen Bädern, von der Elektrizität, der Massage etc., welche auch, klug und mässig angewendet, bei Manchen einen Depressionszustand hervorrufen können, anstatt kalmirend, tonisirend und wiederherstellend zu wirken.

Diese abnorme Art des Organismus zu reagiren, welche Barrucco therapeutische Idiosynkrasie nennen möchte, wird nicht selten bei Neurasthenikern beobachtet. Barrucco glaubt, dass sie nicht in der Natur des Individuums begründet liegt, sondern in der Krankheit selbst. Soviel ist sicher, dass allmählich diese eigenthümliche Idiosynkrasie sich verliert und die Toleranz gegen die verschiedenen medizinischen und therapeutischen äusseren Maassnahmen in dem Maasse zunimmt, als die neurasthenischen Prozesse an Intensität und Extensität abnehmen.

Eine andere Vorschrift ist die, häufig mit der Behandlungsmethode zu wechseln. Die praktische Erfahrung hat gezeigt, dass eine für längere Zeit angewendete Kur den Patienten ermüdet, welcher sie gebraucht, die Stärke ihrer Wirkung auf den Organismus herabsetzt und schliesslich jede Wirksamkeit verliert, da es nichts nützt, die Dosis zu vermehren, was vollständig mit unseren physikalischen, physiologischen und pathologischen Kenntnissen im Einklang ist.

Ein elektrischer Strom, der durch chemische Wirkung zustande kommt, ein Element, welches ganz zuerst eine starke Spannung und grosse elektromotorische Kraft hatte, verliert allmählich von seiner Intensität in dem Maasse, als die chemische Wirkung nachlässt und andere sekundäre chemische Wirkungen, welche durch Kurzschluss eintreten, innerhalb derselben entstehen. Dauert dieses an, so endet es mit dem vollständigen Aufhören auch der kleinsten chemischen und elektrischen Wirkung. Das Gehirn, welches immer in derselben Weise geistig arbeitet, ermüdet leichter, als wenn diese Arbeit gewechselt wird, geradeso, wie der immer mit derselben auch gesunden und angenehmen Speise ernährte Magen allmählich ermüdet, dyspeptisch werden kann und sie nicht mehr erträgt.

Die Wirkungen der Gewohnheit, der Anpassung machen sich in allen Naturerscheinungen in günstigem wie in ungünstigem Sinne erkennbar. Physiologie und Pathologie bieten davon zahlreiche Beispiele. Wenn wir uns z. B. fragen, weshalb ein Mensch aus der Stadt mit etwas angegriffener Gesundheit auf dem Lande oder am Meere wieder zu Kräften kommt und häufig nach 2 oder 3 Wochen mit einem beneidenswerthen Aussehen, dick und kräftig zurückkehrt, während tausend andere, die Jahre lang in den Bergen oder am Meere wohnen, hiervon solche wohlthätige Wirkungen nicht fühlen, so finden wir leicht die Antwort, wenn wir sehen, zu welchem Zustand von Indifferenz und neutraler Wirkung die Gewohnheit führen kann, und welche wohlthätigen Wirkungen durch ihre Abwechselung erhalten werden können.

Bezüglich der Anpassung und des Ausgleichs bietet uns die Natur auch in den pathologischen Zuständen zahllose Beispiele. Es würde uns thatsächlich nicht möglich sein zu erklären, wie ein Mensch sein ganzes Leben hindurch einen Herzklappenfehler ertragen oder eine doppelseitige Pneumonie überstehen kann, wenn wir nicht wüssten, in welch wohlthätiger Weise die Natur für Ausgleich sorgt bei dem defekten Mechanismus der Blutcirkulation und bei dem Fehlen der Respirationsfläche, indem sie die gesunden Theile zu thätigerer und besonderer Funktion veranlasst. Also die Behandlungsmethode muss häufig gewechselt werden. Dem einen medizinischen oder therapeutischen Vorgehen muss man nun ein anderes substituiren, damit sich im Organismus keine Angewöhnung oder defekte Anpassung herausbildet. Bei langer Dauer reagirt der Organismus nicht mehr auf einen bestimmten Reiz. Es wird nöthig, ihn zu ändern. Als direkte Folge des eben Gesagten zeigt sich eine andere Vorschrift bei der allgemeinen Behandlung der sexuellen Neurasthenie. Nämlich: die Behandlung muss ab und zu unterbrochen werden. Oben ist gezeigt, dass eine Behandlungsmethode bis zu einem bestimmten Punkte ihre grösste wohlthuende Wirkung äussert und dann abzunehmen sucht, bis dass ihre Wirkung auch lästig werden kann, indem sie Reflexsymptome in andern Centren hervorruft. So kann sich ein therapeutisches Agens in ein schädliches Agens umwandeln. Es hilft nicht immer, die Behandlungsmethode zu ändern, wie vorhin gesagt ist. Die Organe sind ermüdet, sie haben negative Behandlung, d. h. Ruhe nöthig. Deshalb muss unbestreitbar zeitweilig eine allgemeine und lokale Behandlungsart unterbrochen werden, dann ist es ziemlich gewiss, dass nach einer solchen Pause die Wiederaufnahme von sehr günstigem Erfolge sein wird.

Die vierte und letzte Vorschrift heisst, die medizinische Behandlung muss mit der hygienischen vereint werden. Letztere soll freilich immer bei jeder rationellen Therapie dabei sein. Wie man sich nicht zweckmässig auf medizinische oder chirurgische allgemeine oder lokale Behandlung beschränken würde, so würde man auch nie genug thun, wenn man sich auf die hygienischen Vorschriften allein beschränkt. Die Erfahrung wird uns bei dieser Vorschrift über die Thatsache belehren, dass die hygienische Behandlung sehr viel schwerer vom Kranken befolgt wird, als irgend welche andere medizinische oder chirurgische Behandlung, insofern als die hygienischen Maassnahmen, indem sie ausschliesslich zu ihnen gehören, seinen guten Willen, seine Standhaftigkeit, Geduld und gesundes Urtheil auf die Probe stellen. Aus diesen Betrachtungen folgt die andere Thatsache, dass die Kranken sich gern zwingen, den Rathschlägen des Arztes bei der Anwendung der hygienischen Maassregeln zu gehorchen, wenn sie gleichzeitig von therapeutischen Mitteln unterstützt werden. Nie vergesse man in einem Fall, wo man es mit neuropathischen Personen zu thun hat, die oft Neues, Schwieriges,

Komplizirtes lieben, dass hygienische Vorschriften sehr einfach sind wie die Natur selbst. Eben deswegen ist es sehr schwer, von solchen Personen das zu erlangen, was leicht, einfach, besser und vernünftig ist. Zur Hygiene gehören vor allem Arbeit, Diät, Ruhe, Reisen, Ehe und Wechsel des Klimas.

Die Behandlung mit Arbeit ist für Neurastheniker ein wichtiger therapeutischer Heilfaktor. Die Leiden des Neurasthenikers sind wahr, genuin, sie haben eine wirkliche Existenz. Die Schmerzen und die Schwäche, die geistige Depression und die krankhafte Furcht sind nicht weniger eingebildet als die Crepitation beim Knochenbruch. Bei diesen Leiden wirkt ein psychischer Gegenreiz günstig. Bald zeigt sich die Arbeit als eine Art Ablenkung in den nervösen Leiden des Neurasthenikers. Sie wirkt wirklich wie ein psychischer Gegenreiz. Sie entzieht den Nerven durch einen normalen Stimulus jenen Theil des direkten oder reflektorischen krankhaften Reizzustandes, der verursacht ist durch den neurasthenischen Prozess. Deshalb kann man um so mehr sagen, die Behandlung mit Arbeit ist rationell und wirksam in dieser Krankheitsform und zwar die gewohnte Arbeit, Berufsarbeit, oder, wo diese fehlt, irgend eine andere angepasste und geeignete Beschäftigung.

Sicher hat auch der Neurastheniker das Recht, kurze oder lange Ferien zu geniessen, auch werden zeitweise Unterbrechungen und Erholung dringendes Bedürfniss bei der systematischen Arbeit, aber es würde ein falsches Vorgehen für einen Arzt sein, die Kranken vollständig von ihrer gewohnten Beschäftigung, von ihrer Berufsarbeit für die ganze Zeit der Behandlung zu entfernen, gleichsam als ob diese für den neurasthenischen Zustand schädlich wäre. Nur in sehr schweren Fällen von geistiger Depression ist der Arzt berechtigt, das Unterlassen der Arbeit anzurathen und sie nicht eher wieder aufnehmen zu lassen, als bis die beschwerlichsten psychischen Symptome geschwunden sind.

Barrucco sagt ausdrücklich gewohnheitsmässige Berufsarbeit, weil diese allein dem Neurastheniker passt. Systematische, gewohnheitsmässige Berufsarbeiten, welche seit Jahren gewohnt sind, erfordern zu ihrer Verrichtung geringe Geistesanstrengung. Denn ihre Ausführung und ihre gewohnte mechanische Wiederholung, wodurch sie familiär geworden ist, hat sich dem Geiste wie ein

Schema eingeprägt. Deshalb ist gewohnte Arbeit viel weniger angreifend als neue, in jeder Weise ungewohnte Arbeit. Viele Menschen, welche ihre Berufsarbeit leicht erfüllen, sind nicht im Stande, eine andere, welche ausser ihren Fähigkeiten liegt, zu übernehmen, ohne dabei Unbehagen zu empfinden und darunter Schaden zu leiden.

Das Nervensystem des Neurasthenikers verfügt nicht über soviel Kraft, wie für ein neues Unternehmen erforderlich ist. Denn ihm fehlt jene Reservenervenkraft, welche zu solchem Bedürfniss nöthig ist. Oder wenn er sie im begrenztesten Maasse besitzt, so wird sie schnell erschöpft. Aber wir müssen hier einen Unterschied zwischen geistiger und physischer oder Muskelarbeit machen. Wir müssen sagen, dass diese der andern vorzuziehen ist, weil durch sie der Reiz, welcher vom sexuellen Centrum ausgeht, leicht gezügelt wird. Ihre Wirkung ist also eine beruhigende. Physische Arbeiten aller Art für Männer und Weiber sind eines der besten Beruhigungsmittel bei Reizzuständen des Geschlechtsapparates und der krankhaften sexuellen Neigungen.

Auf die Behandlung mit Arbeit in der hygienischen Therapie der sexuellen Neurasthenie folgt die Behandlung mit Massage. Die Massage ist als ein sehr wichtiges Heilmittel zu betrachten. Sie ist besonders in den Fällen anzuwenden, in welchen man in Folge des spinalen Schwächezustandes eine häufige und regelmässige aktive körperliche Bewegung nicht anwenden kann, oder in welchen die Berufsarbeit des Kranken eine sitzende Lebensweise erfordert und dieser sich nur wenig Bewegung machen kann. Die Massage übt einen sehr grossen Einfluss in den Fällen von sexueller Neurasthenie aus. Sie kann unterstützt werden durch andere therapeutische Maassnahmen, wie durch die sog. russischen und türkischen Bäder. Aber diese dürfen nicht als direkte Mittel der Behandlung betrachtet und in den schweren Fällen nervöser Erschöpfung nicht angewendet·werden.

Schon seit Jahrhunderten war die Massage in Gebrauch bei den verschiedenen Völkern, besonders den Indern und Japanern. Sie wandten sie auf mannigfache Weise an, vor allem als Drücken und Dehnen besonders nach den Bädern. Auch bei den wilden Amerikanern und auf den Sandwichinseln ist die Massage seit langer Zeit bekannt unter dem Namen Lomi-Lomi. Sie bildet heute einen wichtigen Zweig der Therapie, und ihre Methoden sind sehr zahlreich. Zu den hygienischen Rathschlägen gehört ferner die Behandlung mittelst Reisen. Eine Reise verschafft nur gesunden Personen Belustigung und Zerstreuung. Aber bei Leuten, deren Nervensystem stark erschüttert ist, oder die durch chronische Krankheit stark niedergebeugt sind, wirkt sie eher ungünstig. Land- und Seereisen, wenn sie gewöhnlich auch mit allem Komfort ausgestattet werden, den man für Geld sich verschaffen kann, sind doch immer von vielen Strapazen begleitet. Sie erfordern ein bestimmtes Quantum Reservenervenkraft, um diese Ueberanstrengung zu ertragen, ein Quantum, welches bei den Neurasthenikern fehlt oder nur gering ist. Für die einen bringt die Behandlung durch Reisen bei dieser Krankheit sehr zweifelhafte Resultate, für die meisten negative, manchmal ist es geradezu schädlich.

Es geschieht nicht selten, dass die Neurastheniker für lange Zeit ihre Familie, ihre Angelegenheiten und ihre Berufsarbeit verlassen, um weite Reisen zu machen. wobei sie fast ihre ganze Kraft aufbrauchen, während sie geheilt von dieser sonderbaren Krankheit nach Hause zurückzukehren hoffen, welche ihnen das Leben unerträglich macht. Sie schicken sich zu diesem Unternehmen voll Muth und Vertrauen und nicht ohne schweres Opfer an. Aber bei dieser schwindelnden Rundreise sind sie einsam und verlassen und belustigen und zerstreuen sich nicht. Die Natur bietet ihnen nichts Interessantes, erweckt in ihnen keine Anregung. Immer mehr richten sie den Blick auf sich selbst und bestärken sich in den Beschwerden ihres Leidens.

Die unaufhörliche Erschöpfung der Nervenkraft durch diese beständige Thätigkeit des Geistes und Körpers giebt ihren schon bestehenden nervösen Symptomen einen bösartigeren Charakter. und bringt andere nicht weniger lästige hervor, bis schliesslich die Kranken, misstrauisch, ermüdet, niedergeschlagen in einem schlechteren Zustande nach Haus zurückkehren als vorher.

Daraus muss man folgern, dass die Reisen in schweren Fällen von chronischer sexueller Neurasthenie kontraindizirt sind, und dass sie sich nur in Fällen von mittlerer Schwere nützlich erweisen können, wenn sie mit allen Bequemlichkeiten des Lebens ausgestattet sind, und wenn der Kranke von einer befreundeten und gebildeten Person begleitet wird. welche ihn in günstiger Weise zu zerstreuen versteht, indem

sie bei diesen Wanderungen das Interesse für alles, was ihn umgiebt, erweckt.

Keine Frage wird so häufig an den Arzt gerichtet, wie jene,
ob Personen, die an sexueller Neurasthenie leiden, s i c h v e r -
h e i r a t h e n k ö n n e n oder genauer, ob die E h e ihnen als
hygienisches Heilmittel anzurathen oder als schädlich abzurathen
ist. Einige dieser Kranken wollen vom Heirathen nichts wissen.
Sie glauben, dass in dem Ehestande sich ihr Gesundheitszustand
verschlechtern wird. Sie wollen lieber allein die Bürde und Last
ihres Lebens voller Kreuz und Leiden ertragen. Sogar Personen,
welche sich in sehr günstiger sozialer Lage befinden, sind nicht
gewillt, ihren Zustand zu wechseln und zu verbessern, wenigstens
sind sie nicht vom Egoismus oder vom materiellen Interesse getrieben.

E h e und C ö l i b a t stellen zwei wichtige Faktoren von
ernster Berücksichtigung in der Aetiologie und Therapie dieser
Krankheit dar. Auf die Frage, ob die Ehe einem Neurastheniker
an- oder abzurathen ist, muss man mit grösster Vorsicht antworten
und nach reiflichster Erwägung. Auch hier, wie in jedem Punkte
einer verständigen Therapie, muss man individualisiren und jeden
Fall besonders beurtheilen. Es ist ein grosser Fehler vieler
Aerzte, allen Neurasthenikern, sowie allen Hysterischen, die Ehe
anzurathen, als wenn in ihr die Panacee aller ihrer körperlichen
und seelischen Leiden aufbewahrt läge.

Sehr bemerkenswerth ist die Thatsache, dass sehr viele Fälle
von schwerer sexueller Neurasthenie in F o l g e d e s e h e l i c h e n
L e b e n s eine schnelle Besserung ihrer Störungen zeigen, während
in andern Fällen von Normalzustand oder von sehr leichten
neurasthenischen Formen besonders die Ehe als direkte Grundursache der nervösen Erschöpfung anzuschuldigen ist. Also die
Wirkungen des Ehelebens auf die sexuelle Neurasthenie sind zwei-
schneidig und widersprechend. Bei manchen führt mässiger
normaler Gebrauch der Sexualfunktionen, wie er durch das Ehe-
leben sich regelt, eine Besserung in ihrem Krankheitszustande
herbei. Bei andern steigert der normale und auch seltene Geschlechtsverkehr die neurasthenischen Symptome und ruft sie noch öfter
hervor. Es bleibt also der Weisheit des Arztes überlassen,
zu beurtheilen, welcher Zustand für jeden Fall im Besonderen
passt.

In der grösseren Mehrzahl der Fälle und besonders bei Personen, die durch ihre Neurasthenie ihren Geschlechtstrieb verloren haben, oder bei denen er pervers geworden ist, so dass sie keine Neigung zum andern Geschlecht haben, und welche die Ehe nur eingehen würden mit Indifferenz oder aus reiner Spekulation, oder um sie als eine neue Heilmethode zu erproben, würde Barrucco sie niemals anrathen, sondern sich ihr lebhaft widersetzen. Diese Ehe würde unhygienisch und unmoralisch sein. Sie würde den Gegenstand der Liebe verwandeln in ein Mittel eines therapeutischen Versuches, würde schwere Folgen nach sich ziehen und würde aus einem entweder zwei Neurastheniker machen, oder auch den Ehebruch begünstigen.

In Fällen aber, in welchen die Ehe keine absolute Kontraindikation bildet und vom Kranken gewünscht wird, da räth der Arzt am besten, sie ein oder zwei Jahr hinauszuschieben, bis dann durch eine unternommene Kur die lästigsten und schwersten Symptome der sexuellen Neurasthenie deutlich gebessert sind. Aus dieser Entsagung, mehr als aus einer leichten Zustimmung können gute Erfolge entstehen, und zu diesen gehören eine weise Einsicht seiner Fehler seitens des Kranken und ein sehr genaues Studium seitens des Arztes.

Verheiratheten Männern und Frauen schliesslich, welche bei sexueller Neurasthenie nur selten sich geschlechtliche Befriedigung verschaffen können, und die nach dem Coitus sehr geschwächt und entkräftet bleiben, würde vom Standpunkt der Hygiene zu rathen sein, eine bestimmte Zeit vom andern Ehegatten bezüglich des sexuellen Verkehrs getrennt zu leben. Diese Vorschrift muss aufrecht erhalten werden, um durch die Behandlung günstige Resultate zu erzielen.

Personen mit sexueller Neurasthenie glauben im Allgemeinen zeugungsunfähig zu sein. Aber die Erfahrung lehrt, dass gerade solche Personen, welche gewöhnlich seit einigen Jahren an Spermatorrhoe und unfreiwilligen Pollutionen leiden, bald nach ihrer Heirath Nachkommen haben.

Eine andere sehr häufige und wichtige Frage, welche oft an den Arzt gerichtet wird von Kranken mit sexueller Neurasthenie. ist, ob Kinder, die in der Zeit solcher Krankheit gezeugt sind, früher oder später an derselben Krankheit leiden werden, oder ob sie davon verschont bleiben werden. Ueber diesen Gegenstand kann man immer eine günstige Prognose stellen. Denn die klinische Erfahrung über die hereditären Ursachen zeigt uns, dass die Söhne von Personen, welche an sexueller Neurasthenie leiden, als in jeder Hinsicht gesund und kräftig geboren werden. Freilich ist es nach dem Gesetze der Heredität möglich, dass zu einer bestimmten Lebensperiode sich bei ihnen ein gewisser Grad von Reizbarkeit zeigt, welcher zu Nervenkrankheiten disponirt. Diese Reizbarkeit ist in der Kindheit nicht bemerkbar. Solche Kinder wachsen gesund und kräftig heran, sie werden selten ergriffen von akuten Entzündungskrankheiten und Ansteckungskrankheiten, welchen andere Kinder leicht unterworfen sind.

Wir gehen nunmehr zur arzneilichen Behandlung über. Ganz zuerst sei die Indikation der Anwendung der Sedativa besprochen, sowohl bezüglich des Genitalsystems als des Nervensystems im Allgemeinen. Unter den Mitteln, welche eine mehr oder weniger sedative Wirkung auf den Urogenitalapparat ausüben, werden besonders die Folgenden erwähnt: Hydrastis Canadensis, als flüssiges Extrakt 5—15 Tropfen alle 2—3 Stunden in Syrup oder Wein; Epigea repens — Triticum repens — flüssiges Extrakt 5—15 Tropfen 2—3 stündlich; Stigmata maidis — Mais 5—10 g in 200 g als Decoct; Rhus aromatica in Tinktur, sehr wirksam bei Inkontinenz des Urins; Eukalyptusöl, 5—10 Tropfen in Kapseln, in Emulsion oder alkoholischer Tinktur. Die beste Formel ist:

Rp. Extr. fluid. Epigeae

    „   „   repens

    „   „   Eucalyptus   } aa 60 g

    „   „   hydrastis Canadens.

    „   „   laborandi

M. 3 mal täglich 1 Kaffeelöffel.

Andere Beruhigungsmittel sind: Digitalis, Digitalin; Canthariden in geringer Dosis; Belladonna, Ergotin; Secale cornutum, Lupulin, Kampfer, Bromkampfer, Gelsemium sempervirens, als flüssiges Extrakt zu 0,05 bis 0,1 zwei bis dreimal täglich; und die sog. Cimicifuga, cimicifuga racemosa Bart., actaea racemosa Lin.

Man darf nicht glauben, dass die erwähnten medizinischen Substanzen, dem Organismus einverleibt, eine blos lokale Wirkung äussern, also nur auf das Urogenitalsystem und auf den prostatischen Theil der Harnröhre wirken, ohne irgend einen allgemeinen

9*

Einfluss auf den Organismus auszuüben. Sie wirken vielmehr auf den ganzen Organismus. Aber in den üblichen Gaben zeigen sie eine auswählende, spezifische, beruhigende, niederschlagende, entlastende Wirkung auf die Urogenitalorgane, die sich eben in einem Zustande von Kongestion, Erregung oder vielmehr auch der Erschöpfung befinden.

Andere Medikamente dagegen wirken wie allgemeine Sedativa, ohne einen besondern Einfluss auf das Urogenitalsystem auszuüben. Sie sind angezeigt in einer Periode, in welcher das Uebergewicht allgemeiner Störungen in der Form der deutlichen Reflexreizbarkeit der Nerven in den Haupt- oder Nebencentren, besonders im Gehirn, ohne dass lokal eine subjektive Störung bemerkbar erscheint, für jene die ganze Aufmerksamkeit des Arztes und des Kranken erfordert.

Unter den wirksamsten Substanzen sind zu erwähnen: Physostigma, Physostigminum salicylicum 0,0005 bis 0,001 in Lösung 3 mal täglich, bis zu 0,002. Die verschiedenen Brompräparate, Bromkalium, Bromnatrium, Bromammonium und Acid. Hydrobromicum; Nitroglycerin oder Gonoin, alkoholische Lösung von Nitroglycerin 1%, 2—10 Tropfen in Wasser mehrmals täglich, oder vielmehr Oleum nitroglycerin. 1% 2—10 Tropfen auf Zucker, Scutellaria, Cypripedinium, Cannabis indica, Lactucarium. Hyoscyamus und Hyoscyamin, Conium maculatum und Convallaria in Infusen, Extrakten oder Tinkturen. Folgendes sind einige zusammengesetzte Formeln:

Rp. Kali brom. 25,0
Kali ammon. 4,0
Natr. bromat. 2,0
Tinct. Colomb. 25,0
Aq dest. 200,0

MDS. Morgens und Abends ein Esslöffel mit alkalischem Mineralwasser.

In Fällen von sexueller Neurasthenie mit starkem Herzklopfen wendet man an:

Rp. Ferri pyrophosph.
Zinc. brom. aa 3,5
Tinct. digitalis 15,0
Extract. Ergotin fluid. 120,0
MDS 2—3 mal täglich 1 Kaffeelöffel

Rp. Extr. scutellar. fluid. 35,0
Tinct. Hyoscyam.
Natr. bromat. aa 15,0
Aq. destill. 150,0
M. 1—2 Esslöffel in Mineralwasser.

Dieses Rezept ist nützlich bei Unruhe und Schlaflosigkeit.

Unter diesen medikamentösen Substanzen verdienen besondere Beachtung die Brompräparate, welche viel zu oft und zu lange in manchen nervösen Krankheitsformen angewendet werden, ohne dass man sich Rechenschaft giebt über ihre Wirkung und ihre Kontraindikationen. Die Brommittel in mässiger Weise und kurze Zeit gebraucht üben thatsächlich eine günstige beruhigende Wirkung auf die ganze animale Oekonomie aus. Sie setzen die Temperatur und die Sensibilität herab, bringen Schlaf hervor, beruhigen die Erregung der Nerven und die Ueberreizung des Genitalapparates. Aber bei manchen Personen in grossen Dosen und bei vielen auch in kleinen Dosen lange Zeit hindurch gebraucht, wirken sie schwächend auf den ganzen Organismus, führen einen Zustand von allgemeiner Schwäche, Depression des Gedächtnisses, Schwindel, Schläfrigkeit, sexueller Impotenz, nervöser Erschöpfung herbei. In manchen Fällen sind also die Brompräparate kontraindizirt. Deshalb muss ihre Anwendung in besondern Fällen von sexueller Neurasthenie streng kontrollirt werden durch tägliche Beobachtung der allgemeinen und lokalen subjektiven Erscheinungen. Wo ihre Wirkung deutlich schädlich erscheint, muss ihre Anwendung verlassen werden, indem man dafür eines der oben erwähnten Präparate unterschiebt.

Es versteht sich, dass die Sedativa nicht bei jeder Kur angewendet werden können. Vorerst müssen wir die allgemeine Regel befolgen, dass es nöthig ist, oft zu wechseln mit den therapeutischen Massnahmen und die Behandlung von Zeit zu Zeit zu unterbrechen. Zweitens: Mit der Indikation, die Erregung der Nerven niederzuschlagen, welche heftig auf Reflexreize reagiren, wird nothwendigerweise oder besser die andere Indikation vereinigt, den Organismus zu stärken, der durch materielle Verluste und darauf folgende Nervenerschöpfung geschwächt ist, den Nerven ihren durch überflüssige Reize, Excesse und perverse Funktion verloren gegangenen Tonus wieder zu verschaffen.

Dieser zweiten Indikation entsprechen die Tonica. Unter den Tonicis haben wir die Eisenpräparate, Chinin, Salioyl, mineralischen Säuren, Strychnin, Arsenik, Quassia, Colombo, Phosphor, Zinksalze, Silbersalze u. s. w. Aber auch diese wie die Sedativa allein bringen keinen bemerkenswerthen Vortheil in den Fällen von Neurasthenie, selbst wenn sie für lange Zeit und in hoher Dosis angewendet werden. Man muss immer vor Augen behalten, dass in der Behandlung der sexuellen Neurasthenie individualisirt werden muss, und dass man sich nicht beschränken darf auf eine einzige Behandlungsmethode, da es viele und verschiedene Indikationen giebt, denen entsprochen werden muss. Alle tonischen, sedativen und anderen Präparate haben ihren pharmako-dynamischen Werth. Manche von ihnen haben auch eine wunderbare Wirkung. Aber man kann keinem derselben im besondern eine spezifische Wirkung bei der Behandlung der Neurasthenie zuschreiben. Vielmehr ist es nöthig in folgender Weise vorzugehen: die Tonica müssen häufig angewendet werden in Verbindung mit Sedativen oder in Abwechslung mit denselben. In manchen Fällen müssen wir die volle Dosis derselben anwenden, in andern Fällen nur sehr kleine Dosen. In manchen Fällen kann man die Behandlung vom Magen aus ausführen, in andern Fällen müssen wir dieses Organ absolut verschonen, und daran denken, dass sehr oft bei der sexuellen Neurasthenie der Magen an dem nervösen Leiden anderer Organe und Systeme theilnimmt.

Hier zeigt sich die Subcutantherapie als solche, die nicht nur die Verdauungsorgane von der reizenden Wirkung des Medikaments verschont, sondern auch den Vortheil bietet, dessen schnelle und vollständige Resorbirung zu ermöglichen, und eine viel grössere, manchmal kolossale Dosis einzuverleiben, welche der Magen nicht ertragen könnte.

Um ein Beispiel unter den oben aufgezählten Arzneimitteln zu geben, sei blos an das Arsenik erinnert, welches bei der Subcutantherapie so oft angewendet wird.

Barrucco kann nur lebhaft die subcutane Anwendung des Arseniks in allen Fällen schwerer Erschöpfung und deutlichen Sinkens der Ernährung empfehlen, wie auch in den nicht wenigen Fällen, bei denen der Magen sich in schlechtem Zustande befindet. Man braucht die Gefahr der Abscesse, welche dem Arsenik vorgeworfen werden, nicht mehr zu fürchten als bei andern Arzneimitteln, welche unter die Haut gespritzt werden. Wenn die arsenige Säure rein und die Lösung aseptisch ist, wenn der Operateur die grösste Sorgfalt anwendet, gehörig die Hände, die Haut, wo die Injektion gemacht wird, die Spritze, die Nadel und die kleinen Behälter, welche angewendet werden, desinfizirt, wenn die Flüssigkeit tief in das Muskelgewebe der Glutäalgegend entsprechend der Linea bitrochanterica eingespritzt wird, und wenn die Stichstelle mit einem Sublimatverband versehen wird, so ist nichts zu befürchten.

Barrucco will noch eine kurze Bemerkung über die Ergebnisse einiger seiner Experimente mittheilen, die angestellt wurden mit subcutanen Injektionen von grauer Hirnsubstanz des Hammels, eingeführt von Konstantin Paul, und von Barrucco zuerst in der Behandlung der sexuellen Neurasthenie angewendet. Paul bereitete diese Substanz, Cerebrin, indem er sie sterilisirte mit Karbolsäure im Ansorval'schen Apparat. Barrucco aber nahm Rücksicht auf die chemischen und biologischen Veränderungen, welche durch die Wirkung der Karbolsäure und durch die Temperatur bei der Sterilisation hervorgebracht werden können, und versuchte bei ihrer Zubereitung und aseptischen Aufbewahrung die Integrität der Substanz zu sichern. Es ist ihm gelungen, ein vollständig aseptisches Glycerinextrakt zu erlangen.

Bei diesem nicht sehr einfachen Verfahren hat Barrucco die grösste aseptische und antiseptische Sorgfalt angewendet. Der eben vom Rumpf getrennte Kopf eines ganz gesunden Hammels wurde in ein sublimatgetränktes Tuch gewickelt und auf den Operationstisch gebracht. Seine ganze Oberfläche, Haut, Hörner, die blutende Oberfläche des Halses wurde sorgfältig mit 1⁰/₀₀ Sublimatlösung gewaschen und mit hydrophiler steriler Watte getrocknet. Der Operationstisch, die Hände, die Instrumente zum Oeffnen des Schädels und zum Herausbringen der Hirnsubstanz, die Gefässe etc., alles wurde sorgfältig desinfizirt und sterilisirt. Neutrales Glycerin wurde lange Zeit in einem sterilisirten Glase gekocht. So wurden 35 Gramm Gehirnsubstanz gesammelt, die mit ebensoviel Glycerin gemischt wurden. Diese Mischung bewahrte Barrucco in einem vollständig sterilen Glase und wohl verschlossen mit einem Glasstöpsel auf, dessen äusserer Rand durch eine Spiritusflamme gezogen und mit vieler steriler hydrophiler Watte und einem impermeablen mit Sublimat gewaschenen Stoff bedeckt wurde.

Nach einigen Tagen impfte Barrucco mit dieser Mischung zwei Gelatineröhrchen in dem einen durch Stich, in dem andern durch Strich. Die Röhrchen wurden ca. 80 Stunden lang in der gleichen Temperatur von 36—38⁰ gehalten. Das Ergebnis der

Impfung war negativ. Darauf unternahm er den Versuch. Jedesmal wenn er Substanz entnehmen musste, bediente er sich eines vorher ausgeglühten Spatels und versäumte nicht die Vorsicht, beim Wiederschliessen der Oeffnung den Rand abermals durch die Spiritusflamme zu ziehen und ihn von neuem mit steriler Watte zu umhüllen. Die Substanz, von welcher eine halbe bis 2 Pravazspritzen voll angewendet wurde, wurde schnell in destillirtem, kurz vorher gekochtem Wasser gelöst und sofort mit der Pravaz'schen Spritze tief in die Glutäalgegend unter allen aseptischen Cautelen eingespritzt. Diese Einspritzungen waren fast immer schmerzlos und niemals gefolgt von der geringsten Lokalreaktion. Um die Reinheit der angewendeten Substanz nach 2 Monaten festzustellen, als von ihr nur noch ein kleines Quantum vorhanden war, machte Barrucco eine abermalige Impfung in einem andern Gelatineröhrchen. Auch diese Probe war negativ.

Barruccos Versuche mit den Injektionen der grauen Hirnsubstanz des Hammels, zuerst auf 3 Fälle beschränkt, erreichen jetzt die Zahl 9. Bei ihnen zeigen sich ausgesprochene Zeichen von sexueller Neurasthenie, vor allem begleitet mit Impotenz. In einem sehr veralteten Fall war die Behandlung mehr auf den Allgemeinzustand gerichtet, also gegen grosse Schwäche, Schwindel, Beschwerden beim Gehen. Im zweiten war die Impotenz vereinigt mit Varicocele, in einem andern mit Prostatorrhoe und Spermatorrhoe mit chronischer prostatischer Urethritis, beides junge und anscheinend kräftige Leute. In dem ersten machte Barrucco 25 Injektionen, im zweiten 18, im dritten 30. Die Resultate waren sehr befriedigend bezüglich des allgemeinen Zustandes, mehr noch betreffs der Lokalzustände von Verringerung der sexuellen Potenz. Die Behandlung hätte müssen länger fortgesetzt werden, aber aus den bis jetzt erlangten wenigen Wirkungen kann man wohl ihre grosse Wirksamkeit beurtheilen, weil die fast geschwundene Potenz in den beiden letzten Fällen fast in der frühern Stärke wieder erschien, und bei einem alten Manne sich die Erektionen wieder einstellten, welche schon seit ziemlich langer Zeit geschwunden waren, und ausserdem sich der allgemeine Zustand dadurch bedeutend besserte. In 6 andern Fällen von Urethritis und chronischer Prostatitis mit Schwäche der geschlechtlichen Leistungsfähigkeit, war das Resultat nicht weniger günstig als bei den drei ersten.

Barrucco will mit solchen Experimenten in grösserem Maassstabe fortfahren und räth den Kollegen, sie zu wiederholen, damit auch in Italien ein wesentlicher Beitrag zu der neuen Behandlung mit natürlichen organischen Geweben geliefert wird, im Interesse der Wissenschaft und zum Wohle der Menschheit.

Die Tonica und Sedativa müssen vom Magen aus in sehr verdünnten Lösungen genommen werden, und man muss mit sehr kleinen Gaben beginnen. Da, wo starke Dosen nöthig sind, dürfen sie nur kurze Zeit gegeben werden. Man macht darauf eine lange Pause, um die Verdauungsorgane und das Nervensystem zu schonen, oder wählt vielmehr einen andern Weg aus, besonders die Haut.

Unter den allgemeinen Tonicis, welche auch eine elektive Wirkung auf den Genitalnervenapparat ausüben, hat heute Fellows Syrup-Hypophosphites grossen und berechtigten Ruf, der aus Calciumhypophosphit, Potasche, Eisen, Mangan, Chinin und Strychnin besteht, das letzte im Verhältnis von 1 Milligramm und die andern im Verhältnis von 5—7 Centigramm für jede 5 Gramm der syrupösen Lösung. Die zweckmässige Zusammensetzung der verschiedenen Bildungsmittel des Organismus, dargeboten durch die Alkalien für die Knochen, die Muskeln und die Nerven, durch die Metalle für das Blut und durch den Phosphor für das centrale Nervensystem, macht dieses Präparat sehr werthvoll bei allen Krankheiten mit grosser Schwäche und deshalb vor allem bei der Neurasthenie.

Seine Dosis ist ein Kaffeelöffel in einem Glas Wasser dreimal täglich während oder nach jeder Mahlzeit. Man kann steigen auf zwei Kaffeelöffel für jedes Mal, wenn man eine tonische und excitirende Wirkung beabsichtigt, oder wenn man sehr erschöpfte Personen zu behandeln hat.

Barrucco hat die Erfahrung gewonnen, dass Fellows Syrup Hypophosphites seine Wirkung deutlicher zeigt auf den Allgemeinzustand, wie Vermehrung der Kraft und des Körpergewichts, Schwinden der lästigen nervösen Reflexerscheinungen im Kopfe, Rücken, Magen, in der Lendengegend, und besonders der allgemeinen Schwäche und lokalen Neuralgien.

Zu der allgemein tonischen und sedativen Behandlung gehören auch die psychischen Heilmittel. Es giebt keine Neurasthenieform, keine krankhafte Affektion nervösen oder entzünd-

lichen Charakters, in welcher die psychischen Heilmittel oder
die moralische Behandlung so häufig wichtige Indikationen hat,
wie die sexuelle Neurasthenie.

Unzweifelhaft ist der Einfluss, den die moralische Behandlung auf das Erhalten der Energie des Kranken, seines
Muthes, Zutrauens, Glaubens und auf die Ablenkung von seinen
Magenaffektionen durch liebevolle Berathung ausüben kann. Bei
der sexuellen Neurasthenie kann der Arzt auf seine Kranken in
positiver oder negativer Weise wirken. Vor allem können wir
sie versichern, dass ihre Krankheit besserungs- und vielmals auch
vollständig heilungsfähig ist. Solcher Zuspruch, zu dem wir berechtigt sind, da wir uns auf unsere Erfahrung in verschiedenen
Fällen von Krankheitsvorgängen stützen, ist schon an sich selbst
ein Heilfaktor, weil er den Kranken befähigt, sich jeder lokalen
Therapie, die oft schwer auszuhalten ist, zu unterziehen, ihn veranlasst, viele schädliche Gewohnheiten zu verlassen, welche aus
Unerfahrenheit, Unwissenheit, durch falsche Rathschläge oder
verkehrte Neigungen in seiner Lebensgewohnheit sich einge-
wurzelt hatten, und welche seinen neurasthenischen Zustand verschlimmern. Solche Zuredung befreit ihn allmählich von seiner
krankhaften Furcht und von andern psychischen Störungen,
welche den subjektiv sehr schweren Symptomkomplex der sexuellen Neurasthenie bilden.

Manchmal freilich bleiben die Bemühungen auf die Psyche
des Kranken günstig zu wirken vergeblich. Die Kranken lassen
sich nicht durch diese Art Wachsuggestion überzeugen. Es ist
etwas mehr nöthig, etwas, was ihre abnormen Neigungen lähmt,
was ihr Gehirn und ihre Nerven gelehrig und folgsam macht,
sodass sie schliesslich in normaler Weise auf innere und äussere
Reize reagiren. Dieses Mittel, welches dahin führen kann, den
Willen des Kranken und sein freies Urtheil zu beherrschen, ist die
hypnotische oder besser posthypnotische Suggestion.

Heute, wo der Hypnotismus wissenschaftlich genau er-
forscht wird, ist die Suggestivtherapie nach sehr ernster
Prüfung für sehr wirkungsvoll erklärt, so dass sie in vielen
Fällen eines unserer werthvollsten und sichersten Heilmittel bildet.
Der durch Charcot in Frankreich und Heidenhain in Deutsch-
land verursachte erste Anstoss, die spätere grosse Menge ernster
Forscher in dem Studium des Einflusses der hypnotischen Er-

scheinungen auf Nervenkrankheiten berechtigt uns, dieses mächtige Heilmittel auch bei unserer Nervenkrankheit zu betrachten. Man weiss durch zahllose Untersuchungen und Erfahrungen, dass das hypnotisirte Individuum gelehrig wird, leichtgläubig, weil die Fähigkeit der Kritik, der Kontrolle und des Urtheils fehlen oder erschlafft sind. Es herrscht ein Gehirnautomatismus, so dass eine Vorstellung sich sofort in eine Handlung umsetzt. Es scheint also klar, dass in der Absicht, das Nachlassen irgend welcher Funktionsstörungen zu erreichen, man durch die Hypnose diesen besondern Gehirnzustand hervorrufen kann, in welchem man mittelst der Suggestion die Idee einschmeichelt, dass eine bestimmte Störung sich nicht mehr zeigen kann, oder dass die bestimmte Funktionsschwäche wiederhergestellt ist. Das Gehirn nimmt in diesem besondern Zustande die Vorstellung an, behält sie im Wachzustande und sucht sie in Thätigkeit umzusetzen.

Es ist durch reichliche Erfahrung festgestellt, dass man mit der hypnotischen Suggestion glänzende Resultate in den Krankheiten dynamischen Ursprungs erzielen kann. Werfen wir einen Blick auf die subjektive Symptomatologie der sexuellen Neurasthenie, so sehen wir viele nervöse Phänomene auf dynamischer Ursache beruhen. Diese würden also günstig beeinflusst werden können durch hypnotische Suggestion, vorausgesetzt, dass die Person hypnotisirbar ist. So würden Reizbarkeit des Charakters, geistige Depression, Selbstmordneigung, vielfache krankhafte Furchtzustände, Abneigung gegen die Gesellschaft, psychische Impotenz, Neigungen zu sexuellen Perversionen und zu naturwidrigem Missbrauch in der hypnotischen Suggestion ein sehr weites Feld zu vielfachen Heilanzeigen finden. Auch andere nervöse Reflexstörungen des Seh- und Hörorgans, des Verdauungsapparates, des Tast- und Schmerzgefühls u. s. w., wie Hyperästhesie, Parästhesie, Anästhesie, theilweise Paresen, Neuralgie, Schmerzhaftigkeit bei Druck auf die Dornfortsätze der Brust und Lendenwirbel, ferner nervöses Herzklopfen und nervöse Dyspepsie würden günstig durch hypnotische Suggestion beeinflusst werden können.

Der Hypnotismus als therapeutisches Mittel darf heute ganz allein nur vom Arzte angewendet werden. Er allein kann sich seiner bedienen zum Zweck der Besserung und Heilung aller psychischen Anomalien und funktionellen und sensoriellen Störungen auf dynamischer Ursache, welche eine

Nervenkrankheit begleiten, auch wenn sie einen lokalen entzündlichen Ursprung hätte. So sind bei der sexuellen Neurasthenie die chronische prostatische Urethritis und alle ihre anderen Veränderungen fast immer vorhanden. Aber manchmal finden sie sich in einem so latenten Zustande, dass der Kranke sie nicht merkt, während psychische und sensorielle nervöse Störungen, Impulse oder krankhafte Furcht, Sensibilitätsanomalien etc. einen so hohen Grad erreichen können, dass sie alles beherrschen, wenn es sich auch eigentlich um sexuelle Neurasthenie oder um eine schwere Form von Hysterie handelt, oder auch um ein Anfangsstadium einer Geisteskrankheit. In diesen Fällen, wo die nervösen Erscheinungen in erster Linie sich aufdrängen, ist eben der Versuch der Hypnotherapie angezeigt, und man kann davon die allerbesten Resultate sehen.

Das w i r k s a m s t e H e i l m i t t e l, welches wir in der allgemeinen Therapie der sexuellen Neurasthenie besitzen, das in allen Fällen eine wahrhaft souveräne Wirkung als Sedativum wie auch als Tonicum bei den vielfältigen und verschiedenen nervösen Störungen zeigt, welche sie begleiten, ist vor allem die elektrische Behandlung, nämlich die a l l g e m e i n e Faradisation, die c e n t r a l e Galvanisation und die Franklinisation.

Die F a r a d i s a t i o n wird angewendet auf die ganze Körperoberfläche und wirkt als allgemeines exquisit tonisches Heilmittel. Sie vermehrt die Energie des Nervensystems, bewirkt Schlaf, stärkt die Verdauung, gleicht die Cirkulationsstörungen aus und kräftigt die Muskelfasern. Wie alle andern angewendeten Tonica in grossen Dosen gefährliche Wirkungen nach sich ziehen, so kann natürlich auch der sehr stark angewendete Induktionsstrom sehr heftige Reizerscheinungen hervorbringen und als Folgeerscheinung das Gefühl der Muskelermüdung bewirken. Deshalb ist zu empfehlen, sehr schwache Ströme und von kurzer Dauer anzuwenden. Bei der elektrischen Behandlung muss man mehr als bei irgend einer andern Behandlung individualisiren. Beide Formen der dynamischen Elektrizität wirken stark modifizirend auf die gestörten Ernährungsprozesse. Allerdings ist die galvanische Elektrizität vorzuziehen, wenn man auf tiefliegende Organe wirken will, wie auf das Gehirn und Rückenmark. In solchem Fall muss zugleich mit der allgemeinen Galvanisation in regelmässiger Weise auch die centrale Galvanisation bei der Behandlung der Neurasthenie angewendet werden.

Gegenstand der allgemeinen faradischen Behandlung ist das ganze periphere Nervensystem. Die Wirksamkeit des galvanischen Stromes zeigt sich dagegen hauptsächlich auf das Centralnervensystem, Gehirn, Rückenmark und Sympathicus. Wie bei einer grossen Zahl funktioneller Krankheiten, so kann man auch bei der sexuellen Neurasthenie in keinem besondern und speziellen Theile des centralen oder peripheren Nervensystems den Sitz der Krankheit, also der Reflexstörungen feststellen und lokalisiren. Deshalb kann dann die elektrische Behandlung grossen Erfolg haben, wenn sie gleichzeitig sich auf Gehirn, Sympathicus und Rückenmark erstreckt, und nicht blos lokal angewendet wird.

Sehr wirksam zeigt sich die allgemeine F a r a d i s a t i o n in Form der e l e k t r i s c h e n M a s s a g e. . Dabei wird der sekundäre Strom eines Induktionsapparates benutzt und dessen Stärke regulirt durch einen Rheostat im Hauptstrom, welcher 50—100 000 Ohm Widerstand misst.

Die faradische Massage wird in folgender Weise ausgeführt. Metallelektroden werden unter den Fusssohlen angebracht und befestigt. Sie sind durch einen gegabelten Draht unter einander und mit dem einen der sekundären Pole verbunden, während mit der am andern sekundären Pole befestigten Massirrolle man über alle Körpermuskeln hinstreicht, sie erregt und gleichzeitig einen Druck von deren Peripherie nach dem Centrum zu ausübt. Die Dauer der elektrischen Massage soll 3--10 Minuten betragen und darf keine Muskelermüdung hervorbringen. Nach beendigter faradischer Massage kann der elektrische Pinsel angewendet werden auf die ganze Hautoberfläche der Extremitäten und des Rumpfes 5 Minuten lang, wobei man auch den sekundären Strom benutzt. Diese elektrische Behandlung kann 2—3 mal wöchentlich*) ausgeführt werden.

Die F r a n k l i n i s a t i o n oder Anwendung der s t a t i s c h e n E l e k t r i z i t ä t ist eine besondere Methode der elektrischen Behandlung, die erst neueren Datums ist. Sie kann wirken auf den ganzen Körper oder auf einen Theil desselben. Freilich die

---

*) Eventuell auch täglich, cf. Dr. Wichmann, Die Heilwirkung der Elektrizität bei Nervenkrankheiten. Klin. Zeit- und Streitfragen, Wien 1892.

Hauptwirkung zeigt sich natürlich auf diejenige Gegend der Hautoberfläche, wo die elektrischen Funken hintreffen. Man wendet
sie in der Weise an, dass der Kranke auf einem isolirten Stuhl
sitzt oder auf einem kleinen isolirten Bett mit Hartgummifüssen
liegt, und sein Körper der elektrischen Wirkung der knopf-
förmigen Konduktoren oder der Wirkung des sog. elektrostatischen
Luftbades ausgesetzt wird. Dieses letztere ist sehr nützlich. Bei
solcher Anwendung benutzt man die Kopfglocke, welche auf ihrer
konkaven Oberfläche zahlreiche Pinselchen aus dünnen Metall-
fäden besitzt, um so das Ueberspringen der Funken auf den
Scheitel des Kopfes zu vermeiden.

Auch wendet man beim Franklinisationsapparate zur Bestimmung der Stromstärke oder Spannung derselben das sog.
Quadrantenelektrometer an, welches an dem Konduktor befestigt ist.

Wenn man die Franklinisation mit der Galvanisation und
Faradisation vergleicht, so lässt sich nicht von vornherein feststellen, welche vorzuziehen ist und welche die besten Heilwirkungen
hervorbringt, da man auch hier, wie immer individualisiren
muss. Es giebt Personen, bei welchen die Faradisation wirksamer
scheint, und andere, bei denen die Franklinisation einen eminenten
heilenden Einfluss ausübt. Im Allgemeinen ist es vorzuziehen,
die Franklinisation in ihren verschiedenen Methoden mit der allgemeinen Faradisation abwechselnd anzuwenden und beide oftmals zugleich mit der Galvanisation. Auf sehr nervöse Menschen
scheint die statische Elektrizität in hohem Grade günstig und
wohlthuend zu wirken.

Die elektrische Behandlung, welche Stromesart es auch sei,
darf niemals zu lange, niemals mit zu starken Strömen oder zu
hoher Spannung und nie zu oft angewendet werden. Sowohl bei
der Anwendung des galvanischen wie des faradischen Stromes
müssen die Apparate mit einem Rheostaten ausgestattet sein.

Die elektrische Behandlung übt ausser den Allgemeinwirkun-
gen gleichfalls deutliche Wirkungen auf die Lokalzustände aus.
Deshalb bildet ihre Lokalanwendung bei der sexuellen Neurasthenie einen sehr wichtigen Punkt der Behandlung dieser
Krankheit.

Die Indikationen sind vielfältig und die Anwendungsmethoden
sehr zahlreich. Zu den ersteren gehören beim Manne Spermatorrhoe, Hyperästhesie der Harnröhre und der Prostata, Pollutionen,

Impotenz, bei dem Weibe Amenorrhoe, Menorrhagie, Dysmenorrhoe, Leucorrhoe, Ovarialgie u. s. w.; ferner bei beiden der Harnröhren- und Blasenkrampf. Die wirkliche Blasenlähmung — Ischurie — und die Harninkontinenz sind ebenfalls wohl ausgesprochene und wichtige Indikationen für die lokale Anwendung der Elektrizität.

Die elektrische Lokalbehandlung geschieht durch innere und äussere Anwendung mit beiden Stromarten und mit der Franklinisation. Unter den vielen Methoden sind folgende zu erwähnen:

1. Man führt in den Mastdarm eine vollständig bis fast ans Ende isolirte Elektrode ein und eine andere in die Harnröhre in Form eines in ähnlicher Weise isolirten Katheters. Bei dieser Methode der inneren lokalen elektrischen Behandlung kann man nur sehr schwache konstante Ströme wirken lassen, weil die Enden der Elektroden einander sehr nahe liegen, und die immer feuchten Schleimhäute dem Durchgang des Stromes einen schwachen Widerstand bieten. Die Dauer dieser galvanischen Anwendung darf drei Minuten nicht übersteigen. Wenn man den Strom unterbricht, kann die Dauer der Einführung 2—3 Mal so lang sein. Diese Methode ist besonders bei der Prostatorrhoe empfehlenswerth.

2. Eine Elektrode wird in den Mastdarm eingeführt, die andere wird auf den Damm oder den Angulus penoscrotalis oder auch auf den Mons veneris, oder oben auf die innere Oberfläche eines Schenkels gesetzt. Hier können starke Ströme und Voltasche Alternativen angewendet werden.

3. Ein Pol wird an einer nicht isolirten Sonde befestigt, die in die Harnröhre eingeführt wird; der andere kommt auf die innere Oberfläche des Schenkels oder auf die Gegend der Lendenwirbel in Gestalt einer geeigneten grossen Elektrode. Bei diesem Verfahren werden meist starke faradische Ströme gebraucht. Dabei vereinigt sich die elektrische Wirkung mit der mechanischen Wirkung der Sonde.

4. Aeussere Anwendung einer flachen Elektrode auf die Skrotalgegend, der andern auf die Gegend der Lendenwirbel oder in den Nacken, oder auch oben auf die Innenseite des Schenkels — regio genitocruralis —, deren Nerven in direkter Beziehung zu dem Genitalapparat stehen.

5. Eine flache Elektrode kommt auf den Damm, die andere auf die Gegend der Brustwirbel oder Lendenwirbel. Bei diesen beiden letzten Anwendungsweisen kann man mit Erfolg beide Stromesarten benutzen. Gewöhnlich braucht man mehr den faradischen Strom als den galvanischen. Aber im Fall von sexueller Neurasthenie mit Katarrh der Harnröhre ist der galvanische Strom vorzuziehen, und bedient man sich der dritten Methode.

6. Im Fall von einfacher Verminderung der Erektionsfähigkeit, welche nicht die Folge einer Affektion des Centralnervensystems ist, zeigt sich die Faradisation der Musc. ischio cavernosus und bulbocavernosus sehr wirksam. In denjenigen Fällen andererseits, in welchen gleichzeitig mit der Impotenz qualitative und quantitative Veränderungen der Spermaabsonderung bestehen, ist die Anwendung des galvanischen Stromes der des Induktionsstromes vorzuziehen, weil wir nur mit ersterem im Stande sind auf die verschiedenen sekretorischen und exsekretorischen Vorgänge zu wirken.

7. Die Elektrizität zeigt sich nützlich, wie gesagt wurde, auch bei verschiedenen Funktionsstörungen des Geschlechtsapparates des Weibes, welche Ursache und lästige Beschwerden der sexuellen Erschöpfung sein können. Die Amenorrhoe behandelt man elektrisch zur Zeit der Menstruation, indem man den positiven Pol auf die Lendenmarkgegend, und den negativen auf das Hypogastrium setzt. Man lässt drei Minuten lang den galvanischen Strom und drei Minuten lang den faradischen Strom durchfliessen. Die Menorrhagie, wenn sie von grosser Schwäche des Uterus in Folge von nervöser Erschöpfung abhängt, behandelt man mit starkem faradischen Strom, indem man den negativen Pol auf das Hypogastrium und den positiven Pol auf die Lendenmarkgegend setzt. Die Dysmenorrhoe kann durch Galvanisation günstig beeinflusst werden. Man wendet einen starken Strom an und setzt die negative Elektrode auf das Hypogastrium, die positive auf die Lumbal- und Ovarialgegend. In gleicher Weise kann die Leucorrhoe elektrisch behandelt werden.

8. Die statische Elektrizität — Franklinisation — kann mit Nutzen bei allen aufgeführten Störungen der Genitalorgane des Mannes und des Weibes angewendet werden, indem man Funken auf die Lendenwirbel, den Damm, die äusseren Genitalien und das Hypogastrium überspringen lässt.

Hier soll wiederholt werden, was über die allgemeine Elektrisation gesagt ist, dass nämlich die Behandlung nicht auf zu lange Zeit ausgedehnt werden darf, dass die Ströme nicht zu stark sein und keine zu grosse Spannung haben dürfen, dass die Sitzungen nicht zu lange dauern und nicht zu häufig sein dürfen.*) Wenn die elektrische Lokalbehandlung klug und vorsichtig angewendet wird, und wenn sie nicht empirisch, sondern auf Grund physiologischer und technischer Kenntnisse ausgeführt wird, dann hat in einer grossen Zahl von Fällen von beträchtlicher Verringerung der sexuellen Kraft und anderer nervöser lokaler Störungen die Anwendung der verschiedenen Elektrisationsmethoden sehr günstige Resultate.

Freilich, niemals kann man vorsichtig genug sein bei der Wahl der Art und Stärke des Stromes und in der Dauer einer elektrischen Sitzung. Barrucco erinnert daran, dass Unerfahrenheit und Unvorsichtigkeit bei diesen Anwendungen sehr theuer zu stehen kommen und schädliche, selbst nicht wieder gut zu machende Folgen nach sich ziehen können.

Es giebt sehr häufige Fälle von Personen, die mit einer geringgradigen Impotenz behaftet sind, und sich elektrischen Behandlungen unterziehen. Sie lassen sich starke Induktionsströme appliziren, natürlich nicht von Aerzten, sondern vom ersten besten Laien, Freunde, Verwandten oder Krankenwärter, wer gerade da ist. Anstatt nun ihre fehlende Erektionsfähigkeit wieder zu erlangen, verlieren sie auch den Rest der ihnen gebliebenen Kraft vollständig und dauernd!

In letzter Zeit hat Barrucco zwei besondere Arten von elektrischen Sonden für die Harnröhre und den Mastdarm anfertigen lassen. Mit der ersteren kann man in der Harnröhre wirken. Man kann den galvanischen Strom allein unterbrechen und ihn bei Benutzung eines sehr schwachen Elements wenden. Diese sog. bipolaren Sonden mit Unterbrecher und Stromwender empfehlen sich bei allen Formen von sexueller Schwäche, also bei den verschiedenen Graden von Impotenz, bei der Prostatorrhoe und Spermatorrhoe, bei der Hyperästhesie des prostatischen Harnröhrentheils, bei nächtlichen Pollutionen u. s. w.

---

*) Was die Häufigkeit der Sitzungen betrifft, sind wir in Deutschland anderer Meinung als der Herr Verfasser.   D. Uebers.

Die ausführliche Beschreibung und die Abbildung dieser und Barruccos andern elektrischen Sonden bilden den Gegenstand einer besondern Abhandlung: cura locale con l'elettricà e col magnete nelle malattie nervose dell'apparato sessuale e specialmente nella neurastenia (Verlag von Treves).

Eine andere tonische und sedative Therapie mit Berücksichtigung der Fälle, welche sich als starkes Hülfsmittel bei der Wiederherstellung des gestörten Gleichgewichts zwischen den verschiedenen Nervencentren zeigt, ist die Behandlung mit dem Magneten.*)

Dieses im grauen Alterthum bekannte, bald verlassene, bald diskreditirte, bald geehrte, bald abermals geleugnete Heilmittel kehrt heute von neuem auf den Schauplatz der rationellen Therapie bei der Behandlung der Nervenkrankheiten zurück. Es tritt so zu sagen an die Stelle der elektrischen Behandlung. Auch müsste bei vielen sehr nervösen Personen die Behandlung mit dem Magneten nach Barruccos Ansicht eine Vorbereitungskur für die Anwendung der Elektrizität sein.

Auf dem Gebiete der Therapie der nervösen Affektionen hat der Magnet zahlreiche Anwendungen gehabt. Gegen 1220 nannte Albertus Magnus den Magneten: „Ein mächtiges Mittel zur Beeinflussung des gesunden und kranken Organismus." 1565 wandte ihn Borel erfolgreich gegen Augenleiden, Ohren-, Zahnleiden und andere Neuralgien an. 1763 stand der Abt Lenoble in grossem Rufe wegen wirksamer Anwendung des künstlichen Magneten bei vielen Nervenleiden. 1779 berichtete die medizinische Akademie zu Paris über die Einwirkung des Magneten auf das Nervensystem. Zu Beginn unseres Jahrhunderts sagte Alibert in seiner Abhandlung über die Therapie, es sei ausser Zweifel. dass die Magnete einen positiven Einfluss auf die thierische Oekonomie und besonders auf das Nervensystem ausüben. Und indem wir so zu unsern Tagen kommen, haben wir zahlreiche und wichtige Studien von aufmerksamen Untersuchern, z. B. in Italien von Maggiorani, über die Anwendung des Magneten, die durch

---

*) Wir stehen in Deutschland den angeblichen Heilwirkungen des Magneten in Folge von „Magnetismus" sehr skeptisch gegenüber und erklären etwaige durch Magnete bewirkte Heilresultate, die wir nicht leugnen, durch Suggestionswirkung. D. Uebers.

praktische nicht weniger günstige und interessante Resultate bestätigt sind.

Bei der Anwendung des Magneten muss man einige allgemeine Vorschriften berücksichtigen. Zuerst 2 Gesetze: 1. Die magnetische Wirkung ist proportional der Stärke des Magneten. 2. Die Intensität der Erscheinungen steht in direktem Verhältniss zur Sensibilität des Nervensystems.

Die Magnete sind natürliche und künstliche. Die künstlichen eignen sich mehr zum klinischen Gebrauch; sie sind permanent oder temporär. Die permanenten sind hufeisenförmig und cylindrisch und ihre Kraft ist konstant. Der temporäre Magnet entspricht den gewöhnlichen Elektromagneten und besteht aus einem weichen Eisencylinder mit hölzerner Handhabe in der Mitte, um ihn zu halten. Die Enden des Cylinders werden mit Kupferdraht umwickelt, der an beiden Enden entgegengesetzt verläuft. Die Enden des Drahtes stehen mit den Polen einer elektrischen Batterie — Grenetelemente — in Verbindung, wodurch die Stärke sich abstufen lässt. Wird der Stromkreis geschlossen und geht der Strom hindurch, so wird der weiche Eisencylinder magnetisch. Seine Anziehungskraft steht in direktem Verhältniss zur Stromstärke, wie Lentz und Jacobi gezeigt haben. So kann ein sehr kleiner Magnet eine sehr grosse Stärke haben, wenn er von einem starken elektrischen Strome umkreist wird. Hieraus ergiebt sich deutlich, dass der Elektromagnet nach Wunsch abgestuft werden kann, und deshalb ist er dem permanenten Magneten vorzuziehen.

Die Anwendung des Elektromagneten bei der sexuellen Neurasthenie kann man auf das ganze Gebiet der nervösen Reflexstörungen ausdehnen, die schon öfter erwähnt sind. Und deshalb können wie bei der Elektrisation so auch bei der Magnetisation Kopfschmerz, Schwindel, Lichtscheu, nervöses Herzklopfen, nervöse Dyspepsie, Schlaflosigkeit, Gastralgie, Schmerzhaftigkeit längs der Wirbelsäule, Anästhesie, Parästhesie, Hyperästhesie in verschiedenen Regionen, besonders in der Uterin-, Ovarien-, Harnröhren-, Prostata-, Blasengegend u. s. w., ferner Impotenz und Spermatorrhoe alle besondere Indikationen für die Behandlung mittelst abstufbaren Elektromagneten darbieten. Man beginnt mit einer Anziehungsstärke z. B. gleich 1 Kilo und steigert allmählich bis auf 5, 10, 20, 30 Kilo und mehr, was sich leicht durch Ver-

mehrung der Zahl und der Stärke der Elemente bewerkstelligen
lässt.

Man kann den Magnet anwenden als Kontakt und zur Massage.
Als Kontakt wird der Magnet oder Elektromagnet mittelst einer
Binde mit seinen Polen auf den affizirten Theil befestigt, z. B. bei
Schmerz. Diese Art der Anwendung ist sehr erfolgreich bei
Migräne, bei Schlaflosigkeit und bei wohl umschriebenen Reflexstörungen. Die Massage führt man aus, indem man den Magneten
an seinem Handgriff fasst und ihn immer über dieselbe Linie hin
und her streicht. Das ist angezeigt bei den mehr komplizirten
und diffusen Formen der Nervenstörungen.

Am besten sind folgende Regeln zu beachten: Abstufung der
Stärke vor der Anwendung, alle 10 Minuten eine Pause zu machen
und die Sitzung nicht über $\frac{1}{2}$ Stunde auszudehnen.

In den beiden letzten Jahren hat Barrucco auch diesen
Apparat abgeändert und vervollkommnet. Besonders sind es die
Rollen zum Massiren und das Amperemeter zur genauen Abstufung
der Anziehungskraft des Elektromagneten. In der nämlichen
oben erwähnten Special-Abhandlung findet sich die Beschreibung
dieses neuen Instruments.

In schweren veralteten Fällen, wenn man mit andern therapeutischen Maassnahmen keine genügende Besserung erlangt hat,
könnte man auch die Methode der Suspension versuchen, wie
sie bei der Behandlung der Tabes dorsalis ausgeübt wird. Man
kann nicht verkennen, dass sie in sehr vielen Fällen deutliche
Vortheile bei diesem degenerativen Prozesse der hintern Rücken-
marksstränge bewirkt hat. Es scheint Barrucco nicht irra-
tionell, diese mechanische Behandlung auch bei der sexuellen
Neurasthenie zu versuchen, besonders in schweren Fällen mit
völliger Impotenz, mit lokalen Veränderungen der Sensibilität,
mit excessiver und bestehender Hyperästhesie der Prostata und
des Mastdarms, mit Strangurie, in Fällen, welche begleitet sind
von spinalen Reflexerscheinungen, wie Hyperästhesie, Parästhesie,
partieller Parese, Neuralgie, Schwierigkeit zu gehen und zu stehen,
Schmerzhaftigkeit bei Druck auf die Dornfortsätze der Brust und
Lendenwirbel. Die Suspension muss aber sehr vorsichtig und
selten angewendet werden, indem man jede Sitzung beschränkt
auf $\frac{1}{2}$ Minute bis 3—5 Minuten. Sie muss immer vom Arzt über-

wacht sein und ist absolut kontraindizirt bei Personen mit einer Affektion des Herzens oder der Gefässe.*)

Ein neues Heilmittel, das in neuester Zeit viel empfohlen ist, um einige Formen von männlicher Impotenz und andere Nervenstörungen des Genitalapparates beim Mann und beim Weibe zu bekämpfen, ist die Kohlensäure in feuchter Form (kohlensaure Wasserbäder) und in trockener Form (theilweise Umhüllung mit Kohlensäuregas, welches durch besondere Apparate entwickelt wird oder aus natürlichen Quellen stammt).

Der periphere Reiz, den die Kohlensäure auf die Haut ausübt, zeigt sich in Röthung, Wärmeempfindung und Hautjucken, welches hauptsächlich die Geschlechtstheile und ihre Nachbarschaft betrifft. Aber dieser periphere Reiz strahlt centripetal aus und ruft eine Erregung des Nerven- und Blutsystems der Gegend hervor. Da die Verzweigungen der Genitalnerven sehr peripher verlaufen, so überrascht es nicht, dass die Centren der Geschlechtssphäre von der spezifisch erregenden Wirkung der Kohlensäure beeinflusst sein können, also das Centrum für die Libido, welches im Gehirn sitzt, und jenes für die Erektion und Ejaculation, welches im Rückenmark sitzt.

Die Kohlensäure ist nur angezeigt, wenn man eine Erregung hervorbringen muss; also für den Geschlechtsapparat des Mannes nur, wenn es sich um verminderte Libido und Erektion auf nervöser Basis handelt. Deshalb müssen jene Formen von Schwäche ausgeschlossen werden, welche auf Diabetes, Nephritis, Tabes dorsalis u. s. w. beruhen. Kontraindizirt ist die Kohlensäure bei Spermatorrhoe und bei Ejaculatio praecox, weil es sich hier um gesteigerte Erregung des spinalen Ejaculationscentrums handelt, ferner auch bei den schweren Formen paralytischer und psychischer Impotenz und ebenfalls bei der Perversion des Geschlechtssinns. Dagegen bilden die vorzeitig beginnende senile Impotenz, die verzögerten Ejaculationen und die Verringerung des Orgasmus für die Kohlensäure ein günstiges Anwendungsfeld.

Wie beim Manne, bietet auch beim Weibe der Zustand von Depression und vom Darniederliegen des Geschlechtstriebs die gleiche Indikation. Auszuschliessen für dieses Heilmittel sind auch hier die Erregungszustände. Kisch und Lormann

*) Wir haben in Deutschland diese Methode wieder verlassen. D. Übers.

empfehlen die Kohlensäure bei der Dispareunie und Anaphrodisie, welche häufige Ursache der Sterilität ist. Bei der Neuralgie des Uterus und der Ovarien, sowie bei Dysmenorrhoe hat die Kohlensäure günstige Resultate gegeben. Bei der Amenorrhoe leistet die Anwendung der Gasbäder, Gasdouchen, kohlensauren Soolbäder die besten Dienste. Sie wirkt bald direkt, indem sie eine starke Kongestion in den Beckenorganen hervorruft, bald indirekt durch Beeinflussung des allgemeinen Nerven- und Blutsystems und durch Erregung des Stoffwechsels. Schliesslich zeigt sich die Kohlensäure wirksam auch bei chronischer Gebärmutterentzündung, wo sie besonders als ableitendes Mittel zu betrachten ist.

Die Art der Anwendung kann bestehen in Form von Wasser, das mit Kohlensäure gesättigt ist, wie kohlensaure Salz- oder Eisenbäder, oder in Form von kohlensauren Gasbädern. Die ersteren werden bei leichteren, die andern bei schwereren Formen gebraucht. Im Allgemeinen ist es gut, mit der feuchten Form zu beginnen und allmählich die Stärke zu vermehren, um endlich mit der trocknen Form aufzuhören.

Lokale Behandlung der Urethritis chronica posterior.

Wir haben schon mehrmals gezeigt, dass die Existenz der sexuellen Neurasthenie innig an die Gegenwart der Urethritis chronica posterior gebunden ist, welche in der Entwicklung dieses vielfältigen Krankheitsprozesses das erste und häufig einzige ursächliche Moment darbietet. Nachdem die Gegenwart eines chronischen Entzündungsprozesses in dem hinteren Theile der Harnröhre mittelst zahlreicher objektiver Untersuchungsmethoden, welche wir in der Symptomatologie und Diagnose kennen gelernt haben, nachgewiesen ist, ist es logisch, dass wir bei der Uebernahme der Behandlung eines Falles von sexueller Neurasthenie vor allem diesen so langen und hartnäckigen Krankheitsprozess wirksam zu bekämpfen suchen.

Bis vor kurzem herrschte dieselbe Verwirrung, wie bei der Behandlung der akuten Urethritis, noch schlimmer in der Behandlung der chronischen, besonders hinteren Harnröhrenentzündung.

Die chronische Urethritis posterior blennorrhagischer Natur

wurde sehr schlecht behandelt, sehr oft überhaupt nicht geheilt, weil sie nicht bekannt war.

In der Symptomatologie haben wir drei Formen der Urethritis chronica posterior kennen gelernt:

1. Frische Formen, in welchen zusammen mit umschriebenen Heerden sich auch grosse Schleimhautstrecken kongestionirt und passiv hyperämisch zeigen. Sie zeigen vermehrte Produktion von Schleim, welcher in den Urin übergeht durch schleimige Trübung zugleich mit Vorhandensein blennorrhagischer Fasern.

2. Umschriebene Formen, in denen die Veränderungen auf die Schleimhaut oberflächlich begrenzt sind.

3. Ausgedehnte und umschriebene Formen, in welchen die Infiltrationsheerde auch in dem submucösen Gewebe sitzen, entweder in einem noch frischen weichen Stadium, oder vielmehr in vorgeschrittenem, verhärtetem Stadium mit Bindegewebsveränderungen.

Für diese drei jetzt bekannten Formen kann man bei verständiger rationeller therapeutischer Kritik einige genaue Indikationen aufstellen.

In der ersten Form hat man vor allem die begleitenden katarrhalischen Erscheinungen zu bekämpfen, indem man schwache, verdünnte adstringirende Lösungen auf die kranken Theile applizirt. Es handelt sich also darum, den Katarrh zu heilen.

In der Form mit umschriebenen, oberflächlichen Schleimhautheerden ist die Indikation: stärkere und kaustische Adstringentien anzuwenden.

In der Form mit Bindegewebsveränderungen, fibrösen Veränderungen der oberflächlichen und tiefen Infiltrate muss man durch Kompression und Dilatation auf die tiefen Theile einwirken, weil die Resorption der Exsudate hinzukommt.

In allen 3 Fällen muss man immer den Sitz feststellen, um die Arzneimittel auf die kranken Theile zu appliziren.

Wenn wir die Behandlung einer dieser Formen unternehmen, können sich zwei Fälle darbieten. Entweder es handelt sich um eine chronische Urethritis, die latent oder seit langer Zeit nicht geheilt ist, oder um eine chronische Urethritis, bei welcher seit langer Zeit bis zum Zeitpunkt unserer Beobachtung verschiedene, adstringirende, kaustische, instrumentelle Behandlungsarten ohne Erfolg angewendet worden sind. Unter dieser Voraussetzung

dürfen wir nicht vergessen, dass man in der lokalen Behandlung
eine Pause machen muss, weil die über lange Zeit sich erstreckende
Behandlung und besonders eine solche mit energischen Mitteln
einen Reizzustand auch in den gesunden Theilen hervorruft,
welche durch ihre Sekretion die Krankheit stören und kompli-
ziren. Es ist also nöthig, durch Ruhe die Entzündungserscheinungen
schwinden zu lassen. Es empfiehlt sich eine oder zwei Wochen
lang von jeder Lokalbehandlung abzustehen. Man verordnet
dafür innerlich, wenn es nöthig ist, Cubeben, Santalöl, Kawa
Kawa u. s. w. und giebt gleichzeitig hygienische Vorschriften.
Niemals wird man die lokale Behandlung einer chronischen
Urethritis beginnen, wenn Komplikationen bestehen. In der
ersten Form, wenn man durch Prüfung der beiden Gläser
und durch vorhergegangene Irrigation des vordern Theiles auch
das Bestehen von Urethritis chronica posterior oder nur von
Urethritis chronica posterior festgestellt hat, wird man mit einer
Irrigationsbehandlung anfangen nach der Methode von D i d a y
mittelst eines elastischen Katheters oder mit einer U l t z m a n n schen
Spritze oder mit B a r r u c c o s dreiläufigem Katheter, mit welchem
man gleichzeitig die vordere Harnröhre, die hintere Harnröhre
und die Harnblase irrigirt. Dieser Katheter ist in einer besonderen Abhandlung beschrieben, herausgegeben in Bologna
(Treves Verlag, März 1894). Er wurde auf dem internationalen
medizinischen Kongress in Rom demonstrirt, F i n g e r hat ihn
günstig beurtheilt und über ihn in der Wiener Medizin. Wochen-
schrift berichtet.

Empfehlende Lösungen, die mit dem U l t z m a n n'schen Katheter
oder dem elastischen Katheter, und mit B a r r u c c o s dreiläufigem
Katheter angewendet werden können, sind:

Zinksulfat, Alaun und Karbolsäure ca. 1 - 5 %/oo.
Argent. nitric. 0,25—1 %/oo.
Cupr. sulf. 0,5—1 %/oo.
Kalii permangan. 0,25—1 %/oo.
Ichthyol 0,5—1—2 %/o.

Ichthyol hat auch bei der Behandlung der akuten und subakuten Formen des gonorrhoischen Prozesses einen gewissen Ruf
erlangt, weil es thatsächlich sehr deutlich analgetisch, antiphlogistisch und antiseptisch wirkt und die Lösung des katarr-
rhalischen Prozesses beschleunigt.

Zur modernen Therapie der Urethritis gehören zwei andere Medikamente: Argonin und Itrol. Das Argonin (Argentum caseinatum) wird in allen Formen von Urethritis empfohlen als wässerige Lösung von 1,50 zu 10%, je nachdem man den akuten, subakuten oder chronischen Prozess bekämpfen will und je nachdem man es als Irrigation oder Injektion anwendet. Es wirkt stark antiseptisch und antiphlogistisch. Es bekämpft die Blennorrhoe und verursacht auch in starken Gaben keine lokale Reizung auf der Schleimhaut.

Das Itrol (Argent. citrat.) von Werler als Antigonorrhoicum gebraucht, hatte in 50 Fällen von akuten und subakuten Formen sehr günstige Resultate gegeben und eine stark Gonokokken zerstörende Wirkung gezeigt. Es hatte keine Reizung auf der Schleimhaut hervorgebracht. Auch wirkte es auf das tiefere Gewebe ohne Verletzung der Schleimhaut. Die erforderlichen Dosen sind 1 : 8000 bis 0,25 : 1000.*)

Wenn nach diesen Irrigationen die schleimige Sekretion schwindet, aber der Urin noch blennorrhagische Fasern enthält, haben wir es mit der zweiten Form der Urethritis zu thun. Da ist es gut, eine zweite Pause zu machen, bevor man irgend eine Behandlung beginnt.

Auch der Gebrauch der Antrophore, welche bis zur hintern Harnröhre eingeführt werden, ist häufig angezeigt. Die Gelatine, welche die dünne Drahtspirale der Antrophore umgiebt, ist fest bei gewöhnlicher Temperatur, und schmilzt in der Harnröhre. Die Gelatine ist mit einem Heilmittel versetzt, mit 3—5% Thallin, oder 2—3% Zinksulf. oder Jodoform, Argent. nitric. etc. Aber auch dieses Mittel, welches oft wunderbare Dienste leistet, darf nicht zu häufig angewendet werden, wenn man nicht Reizerscheinungen hervorbringen will.

Bei alter chronischer blennorrhagischer Urethritis mit Fasern im Urin, besonders des Morgens, muss man den Sitz und die Tiefe der Krankheit feststellen und je nachdem Sonden, Urethrometer, Dilatator, Endoskop etc. anwenden, nicht blos um den Sitz, sondern auch um die Behandlung zu localisiren.

*) Den beiden genannten Substanzen, von denen besonders das Argonin jetzt viel gebraucht wird, schliesst sich nunmehr das ebenfalls sehr wirksame Protargol (Neisser) mit Recht au. D. Uebers.

Denken wir uns, es handle sich um chronische oberflächliche Urethritis posterior, die blos auf die Schleimhaut lokalisirt ist. und welche weder beginnende Veränderungen noch schon feststehende Affektionen der Prostata zeigt. Dann ist es unsere Aufgabe, genau auf die Heerdaffektionen und möglichst nur auf sie konzentrirte Lösungen von Adstringentien anzuwenden. Da wir uns allein auf die Untersuchungen und Behandlungen der hintern Harnröhre beschränken, wollen wir vom Ultzmann'schen Apparat und von andern Mitteln der lokalen Therapie für die vordere Harnröhre nicht sprechen. In unserm Fall also, wenn wir die Existenz eines auf die Portio bulbo-membranacea oder auf die Portio prostatica lokalisirten Prozesses nachgewiesen haben. müssen wir gelatinöse Suppositorien anwenden, die nach Finger zusammengesetzt sind aus Jodoform 0,5, oder Tannin 0,2 oder Zinksulf. 0,2 oder Cupr. sulf. 0,1 oder Argent. nitr. 0,05; Gelatine blanc. q. s. f. suppos. urethr. cylindr. long. cent. 5, diametr. millim. 5. Numer. X., oder nach Ultzmanns Vorschrift Alum. crud. 1,0 oder Tannin 0,3—50,0 oder Zinksulf. 0,15—0,3 oder Arg. nitr. 0,1; butyr. cacao q. s. ut. f. suppos. No. V.

Diese Suppositorien werden in die hintere Harnröhre mittelst des Dittel'schen Arzneimittelträgers eingeführt, welcher aus einer offenen am Blasenende leicht gekrümmten Kanüle besteht. dessen Oeffnung durch eine Olive geschlossen ist, die an einem Stäbchen sitzt, welches in der Kanule vorgeschoben wird. Ist das Instrument mit dem Stäbchen eingeführt und an den Punkt gebracht, an dem man das Medikament appliziren will, so zieht man das Stäbchen zurück, versieht es mit einem Stückchen des Suppositors und schiebt es mit diesem bis zum Ende der Kanüle. Mit diesem Arzneimittelträger von Dittel kann applizirt werden: Jodoformpulver, Jodol, eine Mischung von Argent. nitr. und Sacchar., Calomel, Tannin, Bismuth subnitric. etc.

Auch die Behandlung mittelst Endoskop mit Pinselung verschiedener Lösungen, Argent. nitric. in Substanz u. s. w. wird in den verschiedensten Applikationen angewendet. In diesen Fällen kann man auch mit gleicher Wirkung die Ultzmann'sche Spritze brauchen und mit ihr einige Tropfen der gewählten Lösung auf die Urethra posterior bringen. Unter den Lösungen sind vorzuziehen Argent. nitric. von 0,1—10 %, Cupr. sulf. von 0,5—20 %. indem man stets mit den schwächsten Lösungen beginnt und all-

mählich steigt, nachdem die durch die vorhergegangene Injektion
bewirkte Reizung geschwunden ist. Das Instrument wird mit
Glycerin bestrichen, weil Oel eine Schicht bilden würde, die für
wässerige Lösungen undurchdringlich ist.

Ausser den erwähnten Lösungen hat Barrucco 1894 vorgeschlagen, ein neues Mittel zu injiziren, Anilin. Die damals
wenigen damit unternommenen Versuche gaben ihm ziemlich be-
friedigende Resultate. Aber jetzt nach weiteren Versuchen kann
Barrucco versichern, dass das Anilin als Anilinwasser, als Anilinemulsion und als reines Anilinöl ihm Resultate geliefert hat, die
alle Erwartung übertrafen.

Bei der ersten der erwähnten Formen von Urethritis chronica
posterior, bei der oberflächlichen, katarrhalischen, schleimigen
Form, wandte Barrucco das Anilinwasser an, frisch bereitet
nach der Vorschrift der mikroskopischen Färbetechnik der Bakterien,
und wo er nicht in kurzer Zeit die Beseitigung des Schleimhaut-
katarrhs und die Anbahnung der Heilung erzielte, ging er zur
Anilinemulsion über, bestehend aus Anilinöl und Emulsion von
Gummi arab., die frisch bereitet wurde in verschiedenen Verhältnissen und zwar 1 Anilin auf 9 Emulsion, 2 auf 8. 3 auf 7, 4 auf
6 und 5 Anilin auf 5 Emulsion.

In Fällen von umschriebenen oberflächlichen oder tiefen In-
filtrationsheerden mit Anwesenheit von reichlichen blennorha-
gischen Fasern ohne schleimiges Sekret im klaren Urin, also in
Fällen, wo man starke Adstringentien und Caustica anwendet,
verwendet Barrucco die Anilinemulsion in den erwähnten Verhältnissen, und steigt stufenweise bis zum reinen Anilin. Er injizirt mit einer feinen Ultzmann'schen Spritze 2—3 Tropfen.

Ausser dem Anilin schlägt Barrucco auch eine Lösung von
Natr. benzoic. 5—10% vor. Er kann jetzt auch für diese die guten
Resultate bei den oberflächlichen katarrhalischen, schleimigen
Formen, also bei jenen, wo die Antiseptica und schwachen Ad-
stringentien angezeigt sind, bestätigen.

Will man eine mehr andauernde Einwirkung des Medikaments
auf die Harnröhrenschleimhaut haben, so sind den wässerigen
Lösungen die Injektionen von Lanolinsalben mittelst der Tommasoli'schen Spritze vorzuziehen. Das Instrument ist ein einfacher,
am Blasenende offener Katheter, der einen Stempel enthält. Man
füllt den Katheter mit Salbe mittelst einer gewöhnlichen Glas-

spritze, führt ihn in die Harnröhre ein und injizirt mit dem graduirten Stempel soviel von dem Medikament, als man für nöthig erachtet sowohl auf einen bestimmten Punkt als auch längs des ganzen Harnröhrenkanals. Die Salben bestehen aus:

Creolin oder Argent. nitr. oder Cupr. sulf. 1—3 g
Lanolin 95
Olei olivar. 5.

Wenn eine gewisse Reizbarkeit der Harnröhre vorliegt, benutzt Barrucco mit Vortheil eine Salbe aus:

Jodoform 10,0
Cocain hydrochlor. 0,5—1,0
Lanolin 95,0
Ol. olivar. 5,0.

Barrucco hat auch die 10 bis $20^0/_0$ige Ichthyolsalbe wirksam gefunden.

Die Lanolinsalbe hat zum Unterschied vom Vaselin und andern Fetten den Vortheil, der Schleimhaut gut anzuhaften. Wenn bei aufeinander folgenden Einreibungen ein Theil der Salbe hinausbefördert wird, bleiben doch die letzten Theile derselben bis über 36 Stunden in der Harnröhre. Die wässrigen oder Glycerinlösungen und die Suppositorien aus Gelatine oder Kakaobutter dagegen werden schnell von der Harnröhre abgespült durch den ersten Urin des Kranken. Die Zusammenziehung der Harnröhrenschleimhaut, welche auf die Salbeneinspritzung folgt, vermehrt durch die Gegenwart des Fremdkörpers und durch seine adstringirende Wirkung, presst ausserdem das Lanolinmedikament zusammen und unterstützt dadurch die Resorption im subcutanen Gewebe. Schliesslich hat das Lanolin auch den Vortheil, eine ausserordentlich aseptische Substanz zu sein, wie Prof. Liebreich in einem Bericht behauptet.

Man versteht, dass diese Methode stärker ist als die andern und deshalb auch reizend wirkt. Deshalb ist ihre Anwendung nicht sehr häufig anzurathen. Sie ist zu beschränken auf den Sitz des Krankheitsheerdes, wenn es nicht nöthig ist, wegen der Ausdehnung des Prozesses sie diffus auf einen grossen Theil der Harnröhre zu appliziren.

Was die dritte Form der Urethritis chronica blennorrhagica posterior betrifft, so kann der Prozess begrenzt sein auf die Schleimhaut aber mit Neubildung von Bindegewebe, oder diffus das submucöse Gewebe betreffen. In beiden Fällen geht dabei einher entweder Verminderung der Erweiterungsfähigkeit oder Hyperthrophie des Caput gallinaginis und nachfolgende Prostatorrhoe. In allen Fällen haben wir die schwersten und hartnäckigsten Formen vor uns, die sehr schwer in Heilung überzuführen sind. Immer haben wir es mit einem pathologischen Prozess zu thun, welcher als ursächliches Moment die klassischen Formen der sexuellen Neurasthenie begleitet.

Bei der Behandlung dieser Form muss man sich vornehmen, den Prozess in der Tiefe zu lösen. Das souveräne Mittel, die Resorption der Exsudate zu erlangen, ist die Kompression.

Dieses sind eben die Fälle, in welchen wir die Sonden dicken Kalibers anwenden, indem wir beginnen mit der Einführung jener, welche durch die Harnröhrenöffnung hindurch geht, im Mittel 24 Ch., oder aber nach vorheriger Incision des Orificium externum, wenn es sehr eng wäre. Allmählich steigt man auf 28 und 30 der Charrière'schen Skala.

Wo dann die Infiltrate sehr häufig sind und besonders das tiefe Gewebe betreffen, oder sich schon auf dem Wege der fibrösen Metamorphose befinden, wo schliesslich der Urethrometer immer eine deutliche Verminderung der Erweiterungsfähigkeit und einen grossen Widerstand bei der letzten Oeffnung des Instruments zeigt, da genügt die Sondenbehandlung nicht. Diese ist auch nicht selten unmöglich, wenn der Kranke sich dem Erweitern der engen Harnröhrenöffnung widersetzt, eine Operation, welche thatsächlich in einigen Fällen ziemlich harte, belästigende Narben hinterlässt, falls man sich der gewöhnlichen Methoden bedient.

In Anbetracht der pathologischen und klinischen Wichtigkeit der Verengerung der Harnröhrenöffnung und betreffs eines neuen Verfahrens der Erweiterung, mittelst dessen man eine genau kalibrirte Oeffnung und eine flache elastische Narbe erhält, verweist Barrucco den Leser auf seine diesbezügliche Schrift, die in Bologna erschien.

In den oben erwähnten Fällen wird es passen, die Behandlung der progressiven Dilatation mittelst des Oberländer'schen Dilatators auszuüben. Von dieser hat man sehr günstige Resultate zu erwarten.

Bedeckt von seinem Gummiüberzug und wohl eingeschmiert mit Glycerin oder Vaselin führt man den Dilatator in die Urethra

ein und dringt mit dem gekrümmten Ende in die pars bulbo-
membranacea ein. Man dilatirt solange, als der Kranke keinen
Schmerz empfindet. Dann nach einer kleinen Pause steigt man
um 1, 2 oder mehr Nummern entsprechend der Empfindlichkeit
des Kranken. Oft kommt bei der Dilatation ein Einriss vor und
zeigt sich ein wenig Blut. Nach einer Pause von 6—8—10 Tagen
wird die Dilatation wiederholt. Man steigt zu immer höheren
Nummern, bis man womöglich die normale Erweiterungsfähigkeit
des vereugten Harnröhrentheiles erreicht.

In Fällen schliesslich, wo ein altes und resistentes Infiltrat
des Bindegewebes spätere Erweiterungen nicht gestattet, muss man
den Urethrotomo-Dilatator von Otis benutzen.

Wenn diese Form des chronisch blennorrhagischen Prozesses
der hintern Harnröhre hauptsächlich in dem prostatischen Theile
mit Hypertrophie des Caput gallinaginis sitzt, dann werden wir
auch dort die Sonden dicken Kalibers angezeigt finden, indem
man mit 24 beginnt und allmählich bis auf 30 steigt. Von
solchen Applikationen werden wir fast stets ausgezeichnete
Resultate erzielen.

Bei den weiten Strikturen ausser dem dicken Infiltrate des
fibrillären submucösen Bindegewebes sind auch die oberflächliche
Schleimhaut und die umgebenden Partien Sitz der chronischen
Entzündung. Deshalb kann man gleichzeitig mit der Anwendung
der Kompression mit grossem Erfolg auch die Adstringentien
und Resolventien anwenden. Ausser diesen sind auch die Jod-
Lanolinsalben zu empfehlen.

Rp. Kal. jod. 5,0
Jod. pur. 1,0
Lanolin 95,0
Ol. oliv. 5,0
misc. exact.

Diese Salbe wird gut resorbirt und ist sehr wirksam bei
alten isolirten Heerden und bei Hypertrophie des Caput gallinaginis.

Um die Wirkung der Dilatation und Kompression mit dieser
resorbirenden Wirkung zu vereinigen, wendet man zuerst Sonden
dicken Kalibers an und nach 10—15 Minuten die Salbe mit der
Tommasoli'schen Spritze.

In gleicher Absicht kann auch eine wässerige Lösung dienen,
die mit dem Ultzmann'schen Instrument eingespritzt wird:

Kal. jod. 2,0
Jod. pur. 0,20
Aq. dest. 20,0

Wendet man den Dilatator von Oberländer an und kommt es
dabei zum Einreissen der Schleimhaut, so dass ein wenig Blut
fliesst, dann ist es gut, die Injektion erst 1—2 Tage nach der
Dilatation zu machen.

In den Fällen schliesslich von chronischer prostatischer
Urethritis mit hochgradiger Sensibilität der Prostata und Hyperästhesie der Harnröhre, Hypertrophie des Caput gallinaginis,
Prostatorrhoe und Spermatorrhoe bei der Harn- und Stuhlentleerung, empfiehlt sich als ausgezeichnetes Heilmittel die Anwendung der Winternitz'schen Kühlsonde.

Diese besteht in einem geschlossenen Katheter, der innerlich
durch ein Septum in 2 Kanülen getheilt ist, welche unter sich
an der Spitze kommuniziren. Das äussere Ende hat zwei Y-förmig
getrennte Oeffnungen. Nachdem das Instrument bis zum Prostatatheil eingeführt ist, lässt man aus einem einfachen Gefässe, von
welchem ein Rohr an der obern Oeffnung des Katheters befestigt
ist, durch diesen Wasser von 20° C. durchfliessen. Bei spätern
Anwendungen vermindert man allmählich die Temperatur
bis auf + 10°. Das macht man alle Tage oder alle zwei Tage
15—20 Minuten lang. Es hinterlässt ein Gefühl von innerlicher
Abkühlung und ausserordentlichem Wohlbefinden.

Der Psychrophor hat vielfache Indikationen. Er kann immer
zugleich angewendet werden bei einer stark reizenden Behandlung,
bei einer kaustischen Behandlung, bei der Einführung von Sonden
dicken Kalibers, um die reizende Wirkung derselben zu mildern.
Er hat sehr gute Resultate in allen Fällen, besonders bei sehr
reizbaren Personen und bei ausgeprägter Hyperästhesie der
Genitalien. Die Wirksamkeit des Psychrophors wird vermehrt,
wenn man die resorbirende Wirkung der Kompression mit der
kontrairritirenden und entzündungswidrigen Wirkung der niedern
Temperatur vereinigt, also bei der Anwendung von Kühlsonden
grossen Kalibers von 24 bis 30 Ch.

Auf die Anwendung dieses Apparates kann man immer eine
Injektion einer sehr starken Argent. nitr.-Lösung von 3—5⁰/₀ oder

einer Lanolinsalbe mit Arg. nitr. oder Jod in den prostatischen Theil folgen lassen, ohne Reizerscheinungen zu fürchten. Und aus demselben Grunde können wir in der nämlichen Sitzung z. B. eine Sonde dicken Kalibers zur Dilatation und Kompression anwenden, darauf den Winternitz'schen Psychrophor als kühlendes, beruhigendes, entzündungswidriges Mittel und zuletzt die Jodsalbe.

Der Kranke hat noch viele Stunden nach der Anwendung des Psychrophors ein angenehmes Gefühl von Erfrischung in der Harnröhre und am Damm. Man kann auch objektiv die Wirkung der Applikation kontrolliren. Wenn man vor der Anwendung des Psychrophors die Temperatur der Prostata mit Barruccos thermoskopischer Sonde misst und dann nach einigen Stunden oder auch Tags darauf wieder misst, wird man stets eine Verringerung der Temperatur finden, die im direkten Verhältnis steht zu der Verringerung des Entzündungszustandes.

Besitzt man den Winternitz'schen Psychrophor nicht, so kann man sich mit einem einfachen Mittel behelfen, welches von Barrucco erfunden ist und empfohlen wird. In eine dicke elastische Hohlsonde wird eine dünne vollständig elastische Röhre die am Ende gefenstert ist, hineingeführt. Wenn man mit dieser kleinen Röhre einen Irrigator verbindet, fliesst das Wasser aus dem Loch am Ende in die grössere Sonde, und so erhält man einen beständigen Wasserstrom, der nach aussen abfliesst und den man auf die gewünschte Temperatur bringen kann.

Diese und viele andere Methoden der kühlenden Applikation sind genau beschrieben in einer besondern Schrift Barruccos, herausgegeben in Bologna.

Wenn die Behandlung nach endoskopischer Untersuchung unternommen ist, empfiehlt es sich, ihre Wirkung mit dem Endoskop selbst alle 3—4 Wochen zu kontrolliren.

Der seltene Befund von Polypen, die nur mit dem Endoskop zu diagnostiziren sind, erfordert eine chirurgische Behandlung, welche im Endoskop mit einer Polypenzange, Schlingenschnürer, Scheere oder mit dem galvanokaustischen Platindraht ausgeführt werden müsste.

Die Behandlung mit dem Winternitz'schen Psychrophor ist auch angezeigt bei subakuter Entzündung der Prostata. Aber wenn es sich hier um einen ziemlich starken Grad von Reizbar-

keit handelt, dann werden kühlende Anwendungen für die Harnröhre schlecht ertragen, die sonst gewöhnlich rationell sind. In
diesen Fällen, wo eine wahre akute Prostatitis besteht, ist die Anwendung der Mastdarmkühlsonde von F i n g e r vorzuziehen,
welche dem Hämorrhoidalapparate von A r b e r g e r analog ist.
Sie beruht auf demselben Prinzip wie der Psychrophor ·von
W i n t e r n i t z, nur besteht sie aus einer geraden und dickern
Kanüle. In den Mastdarm eingeführt, lässt man hier das Wasser
in der Temperatur von 20 bis 10° C. etwa 1 Stunde lang cirkuliren,
bis 2—3mal täglich entsprechend dem Entzündungsgrade. Mit
dieser rechtzeitig angewendeten Methode erhält man auch in den
perakuten Formen von Prostatitis ganz unerwartete Heilungen
aller subjektiven lästigen Symptome und beugt den Abscessen vor.

Die c h r o n i s c h e P r o s t a t i t i s, welche uns als fast beständige Komplikation der 3. Form der chronischen hintern Harnröhrenentzündung mehr interessirt, findet die Indikationen für ihre
Behandlung in jenen der Harnröhrenentzündung selbst, deren
Anlass sie war. F i n g e r hat in vielen Fällen, um die Resorption
des Exsudats zu erzielen, die Anwendung seines Rektalpsychrophors
wirksam gefunden. Statt kalten Wassers nimmt er jedoch warmes
Wasser von 37—42° C. Temperatur eine Stunde lang täglich.

Bei der chronischen Prostatitis erzielt auch die wiederholte
Anwendung der Rektalsuppositorien gute Resultate:

> Rp. Kal. jod. 0,5
> Jod. pur. 0,05
> Extr. belladoun. 0,07
> Butyr. cacao q. s.
> f. suppos. No. 5.

Statt dieser empfiehlt K ö b n e r als weit besser zu ertragen
die Clysmen von Brom und Jod.

> Rp. Kal. jod. 10,0
> Kal. brom. 8,0—10,0
> Extr. belladonn. 0,6
> Aq. destill. 300.

M. für 20 Clysmen von je 30 Gramm; 2mal täglich 1 Clysma.

Jedem Clysma kann man 3 Tropfen Jodtinktur zusetzen und
allmählich bis auf 10 Tropfen steigen.

Wenn die Resorption des Prozesses sich verzögert, können
zur Unterstützung erstere Applikationen nützlich werden, also

lösende Mittel und Gegenreize. Einreibungen mit Ung. ciner. auf dem Damm zeigen sich wirksam nicht nur in den akuten und subakuten, sondern auch in den chronischen Formen. Bei diesen finden nicht selten ihre Indikation auch Gegenreize, welche meistens auf die Perinealgegend, manchmal aber vortheilhafter auf die Lumbalgegend der Wirbelsäule applizirt werden können. Auf dem Damm wird manchmal die Jodtinktur applizirt, manchmal und mit grösserer Wirkung kleine Blasenpflaster, welche auf die Reizbarkeit der Prostata eine bemerkenswerthe Wirkung ausüben.

Die Wirkung der Gegenreize auf den Reizzustand der Prostata ist analog jener, die man in andern Körpergegenden beobachtet, bei Spinal- und Cerebralreizung, bei nervöser Dyspepsie, bei Reizbarkeit der Augen etc. Der günstige Erfolg bei dieser Behandlungsmethode, wie auch bei der Anwendung trockener und blutiger Schröpfköpfe hängt nicht blos vom Urtheil des Arztes in der Auswahl des geeigneten Falles und von der genauen Indikation ab, sondern auch von dem guten Willen und der Ausdauer des Kranken. Andere zu heftige Gegenreize wie Paquelin und Galvanokaustik möchte Barrucco nicht empfehlen.

Gelegentlich der Abhandlung der Spermatorrhoe wurde schon gesagt, dass bei grosser gleichzeitiger Reizbarkeit der Harnröhre und des Mastdarms und besonders bei bestehender Defäkationsspermatorrhoe es von Barrucco als praktisch bewährt befunden wurde, die Prostata gleichzeitig von der Harnröhre mittelst der Winternitz'schen Kühlsonde und vom Darm aus mittelst des Finger'schen Mastdarmkühlers abzukühlen. Dazu kann der nämliche Wasserbehälter dienen. Man befestigt an dem Zuführungsrohr eine gläserne Y-förmige Kanüle, setzt das eine Ende in Verbindung mit der Einflussöffnung der Harnröhrensonde, das andere Ende mit der Einflussöffnung der Mastdarmsonde. Beide Ausflusslöcher der beiden Sonden vereinigen sich zu einer Y-förmigen Kanüle, welche durch ein gemeinsames Rohr das Wasser in ein Gefäss abführt.

Ein anderer sehr einfacher Vorgang besteht darin, das Wasser direkt von dem Behälter in das Harnröhrenpsychrophor laufen zu lassen und von diesem in das Mastdarmpsychrophor, von wo es nach aussen abfliesst. Dann läuft nur ein kurzes Verbindungsrohr zwischen dem Austrittsloch des Harnröhrenpsychrophors und der Eintrittsöffnung des Mastdarmpsychrophors. Anfangs wird die Temperatur der beiden Kanülen nicht gleich sein, aber einige Minuten später wird sie gleich und konstant.

Die reizbare Harnröhre und der reizbare Mastdarm, sehr gewöhnliche und fast konstante Zustände bei der sexuellen Neurasthenie, auch wenn kein hoher Grad von chronischer Entzündung oder von mucöser und submucöser Infiltration, oder eine Verengerung, oder Hypertrophie des Caput gallinaginis besteht, also jene Fälle von vollkommener Latenz der pathologischen Erscheinungen der Genitalorgane können besondere Indikationen für die Anwendung einiger Mittel darbieten. Diese Applikationen werden vorwiegend vom Mastdarm ausgeübt. Sie bestehen in Injektionen von Ergotinlösungen, Bismuth, Hamamelis, Cocain, Bromkali und warmem Wasser. Sie sind viel wirksamer, besonders dann, wenn ausser den lästigen Empfindungen, welche man mittelst Fingerdruck auf die Prostata hervorbringt, sich auch Schmerzhaftigkeit bei Bewegung und beim Gehen bemerkbar macht.

Ausser diesen Injektionen können auch Suppositorien von Jodoform, Zinc. valerian., Ergotin, Belladonna, Morphium, Cocain angewendet werden. Andererseits sind die Injektionen vorzuziehen, wenn besonders der Mastdarmschmerz und der Tenesmus sehr lästig sind und lange Zeit dauern.

Alle diese Substanzen, welche vom Mastdarm aus angewendet werden, können auch als Harnröhreinjektionen gebraucht werden, vor allem die Cocaininjektionen, Bismuth und warmes Wasser. Cocain. hydrochloric. kann man in wässeriger oder Glycerinlösung benutzen und in der Form der Lanolinsalbe. Im ersteren Fall können wenige Tropfen bis zu einer Pravazspritze voll einer 2 %igen Lösung eingespritzt in die regio prostatica der Harnröhre prompt den Schmerz und den Reizzustand beruhigen. Im zweiten Fall ist die Anwendung der Lanolinsalbe im Verhältniss von 1—2 % Cocain auch sehr sicher wirksam wegen der langen Permanenz des Mittels und wegen seiner vollkommenen Adhärenz an der Schleimhaut.

Wirksam sind auch Injektionen in die Harnröhre mit Bromnatriumlösung im Verhältniss von 1 zu 15 Wasser.

Schliesslich kommen die Irrigationen mit warmem Wasser, deren Wirkung manchmal wirklich entscheidend ist, in freilich

11*

nicht häufigen Fällen von grosser Reizbarkeit der Harnröhre, bei echter intermittirender Urethralgie, ohne dass lokal ein Entzündungsprozess besteht, oder der, wenn er vorhanden ist, so leicht ist, dass er nicht im Verhältniss zur Schwere der subjektiven Symptome steht.

Für die Irrigationen mit warmem Wasser, welche man täglich $\frac{1}{2}$ Stunde lang mit gekochtem, langsam abgekühltem Wasser macht, erweist sich Barruccos dreiläufige schon erwähnte Röhre sehr geeignet. Sie gestattet der Flüssigkeit, gleichzeitig und dauernd durch die vordere und hintere Harnröhre und die Harnblase zu cirkuliren. Man nimmt gekochtes Wasser, das man bis auf 37° C. hat abkühlen lassen und steigert darauf die Temperatur bis auf 42° C., indem man kochendes Wasser hinzufügt.

Bei der Lokalbehandlung der Harnröhre sei bemerkt, dass alle adstringirenden, kaustischen und mechanischen Applikationen von einer Reaktion gefolgt sind, besonders von häufigem und hartnäckigem Urindrang. Aber dieser verschwindet gewöhnlich nach zwei oder drei Injektionen. Er kann wirksam gemildert werden ausser durch vorhergehende Anwendung des Psychrophors auch durch Mastdarmsuppositorien aus Belladonna oder Morphium.

Aus demselben Grunde wird vorgeschrieben, die Injektionen, Irrigationen, Sondirungen und Dilatirungen nicht eher als drei Tage nach der vorhergehenden Anwendung zu wiederholen. Und es ist gleichfalls nöthig, nach einer bestimmten Zeit eine Pause von einer oder zwei Wochen zu machen, um nachher die Behandlung wieder aufzunehmen, welche nach dieser Ruhe sich noch wirksamer zeigen wird.

Während der Lokalbehandlung wird man die Darmthätigkeit des Kranken regeln, indem man für tägliche Ausleerung sorgt. In Fällen von Obstipation unterstützt man die Peristaltik mittelst Clysmen oder Purgantien.

Rp. Aloe 0,6	Rp. Podophyllin.
Ferr. sulf. sicc. 1,5	Extr. nuc. vom.
Extr. nuc. vom.	Extr. belladonu. aa 0,4
Extr. belladonn. aa 0,5	Extr. Hyoscyam. 1,5
Mf. pilul. XVI.	Mf. pilul. No. XXIV.
1—2 Pillen täglich.	1—2 Pillen täglich.

Rp. Euonymin 1,3
Hydrastis
Aloe .
Hyoscyam.
Podophyll. aa 0,5
Mf. pilul. No. XX.
1—2 Pillen Abends.

Man wird ebenfalls häufig H a l b b ä d e r und V o l l b ä d e r
anwenden, welche die Blutcirkulation in der Haut zu beleben
suchen, die chronische Hyperämie beseitigen, die Reizbarkeit der
Nerven beruhigen und die Funktionen wieder ordnen. Kranke
mit sexueller Neurasthenie werden kalte Halbbäder nicht gut ertragen, dagegen werden sie sich relativ wohlfühlen nach dem
Gebrauch von lauen Halbbädern von 28 bis 32° C., die den einen
um den andern Tag genommen werden, besonders diejenigen,
welche sich in einem Zustand nervöser Ueberreizung befinden.
Andererseits sind sie zu widerrathen bei Kranken, die schlecht
zu Fuss sind und geschwächt durch nervöse Erschöpfung in Folge
von Pollutionen, Spermatorrhoe und sexuellen Excessen. Ihre
besondere Indikation haben sie nur in einer Zeit der übermässigen
Reizbarkeit. Dasselbe gilt für laue Vollbäder.

Bei etwas widerstandsfähigeren Organismen erhält man bessern
Erfolg als von Bädern von auf- und absteigenden, lokalen und
allgemeinen Douchen, mit kaltem oder warmem Wasser oder vielmehr mit kaltem und warmem Wasser in Abwechselung. Aber
bei derartigen Prozeduren, welche bei verständiger Ausführung
wirklich grossen Nutzen verschaffen können, muss man sehr vorsichtig in derselben Weise verfahren, wie bei der elektrischen
Behandlung. Man beginnt mit sehr kurzen Sitzungen von
$\frac{1}{2}$ Minute und noch weniger bei sehr sensiblen Personen und
lässt eine passive Reaktion mittelst Einpackungen oder Massage
darauf folgen.

Die D i ä t muss einfach sein, leicht verdaulich und nahrhaft.
Man wird einen mässigen Alkoholgenuss gestatten, wird die Reiz-
mittel und Droguen verbannen, wird mässige Bewegung anrathen
und in weniger schweren Fällen auch lebhaftere Bewegung; aber
man wird anstrengende Bewegung und hauptsächlich langes Reiten
verhindern.

Wo die Krankheit mit Oxalurie, Phosphaturie oder Litämie

einhergeht, wird man natürlich Mineralsäuerlinge gebrauchen, von denen Italien so viele hat, oder künstliche oder Salzwasser, oder gleichzeitig bittere Pflanzendecocte. Nützlich sind die Mineralsäuren, von denen hier einige Rezepte folgen:

Rp. Acid. muriatic. dilut. 5,0
Aq. destill. 125,0
S. 2—6 Kaffeelöffel 2—3 Mal täglich vor der Mahlzeit in ¼ Glas Wasser

Rp. Acid. sulfur. dilut. 5,0
Aq. font. 100,0
Syrup 30,0
S. 2—6 Kaffeelöffel 3 Mal täglich vor der Mahlzeit in ½ Glas Wasser.

Bei Phosphaturie empfiehlt Cantani:

Rp. Acid. lactic. 3,0
Aqu. fontan. 100,0
Aq. menth. 50,0
Zweistündlich 5 Esslöffel voll.

Ganz kürzlich hat Feleki eine neue Methode, die Massage der Prostata eingeführt, welche vom Mastdarm aus ausgeführt wird, in Fällen von chronischer Prostatitis profunda mit oder ohne Hypertrophie. Er bedient sich eines Metallinstruments, das rechtwinklig gebogen ist. Es hat an der einen Seite eine Art Handgriff. An der andern endigt es wie der Stössel eines Mörsers. Die Applikation geschieht zweimal wöchentlich 10 Minuten lang. Sie bewirkt die Ausscheidung von reichlichem Prostatasekret, das mit Eiter und Schleim vermischt ist, der in die Prostatadrüschen sich eingenistet hat. Zusammen mit der Ausscheidung dieser krankhaften Produkte sucht sie die Resorption der Exsudate hervorzurufen.

Sobald die Gegenwart von Eiter und Exsudat günstige Bedingungen für das Bestehen der Prostatitis bildet, wird mit dieser Behandlungsmethode sehr leicht auch in den schwierigsten und veraltetsten Fällen Heilung erzielt.

Finger, welcher seit etwa einem Jahre diese Methode angegeben hat, schreibt Barrucco in einem Briefe, dass er davon sehr befriedigt ist.

Ueber die Behandlung der blennorrhagischen Affektionen der Geschlechtsorgane des Weibes, welche häufig die Ursache sexueller Neurasthenie sind, sollen nur ein paar Worte gesagt werden, so weit es hierher gehört, da einige dieser Affektionen ganz in das sehr grosse und weite Gebiet der Gynäkologie gehören.

Wir lassen die akuten Formen bei Seite, welche keinen direkten Bezug zur nervösen Erschöpfung und dem darauffolgenden neurasthenischen Prozess haben, und wollen nur von den chronischen Formen sprechen.

Die chronische blennorrhagische Harnröhrenentzündung des Weibes, welche einige Jahre lang in latentem Stadium verharren und sich bei jeder Reizursache und lokalen Erregung wieder steigern kann, erfordert die Anwendung einer energischen Lokalbehandlung. Sie besteht in Waschungen der Harnröhre, und wo erforderlich, auch der Harnblase, mit antiseptischen und adstringirenden Lösungen von Kal. permanganat. gefolgt von Applikation von Jodtinktur 2—5% in die Harnröhre, von Argent. nitric. bis 5—10%, und noch besser von 10% Essigsäure mittelst eines Holzträgers, der am einen Ende mit hydrophiler Watte umwickelt ist, und der immer erneuert werden muss. Oder man benutzt Stäbchen oder kurze Harnröhrensuppositorien aus Jodoform oder Tannin.

Rp. Jodoform 10.0
Gumm. arab. q. s ut f. bacill. No. X.

Wenn der Prozess auf eine Seite der Harnröhre begrenzt ist, wird man die verschiedenen Mittel unter Führung des Endoskops appliziren.

Die Folliculitis der Harnröhrenöffnung ist eine sehr hartnäckige Affektion und wird durch Kauterisation der Follikel mittelst vorsichtigen Betupfens mit Höllenstein oder mit dem Galvanokauter behandelt.

Auch die chronische blennorrhagische Vaginitis ist eine sehr langwierige, hartnäckige Affektion. Sie geht allmählich durch leichte Steigerungen des Entzündungsprozesses in ein subakutes Stadium über, in welchem die Behandlung bessere Resultate hat.

Man wird die Adstringentien alle 2—3 Tage anwenden — Argent. nitr. 1% — indem man die ganze Vagina auspinselt und mit hydrophiler Watte austamponirt. Tags darauf wird der Tampon entfernt, die Vagina sorgfältig gewaschen und desinfizirt mit Permanganatlösung zu 0,25%/₀₀, von neuem gepinselt und abermals tamponirt. Das wird wiederholt, bis das Epithel sich in kleinen Stückchen ablöst. Dann hört man mit jeder Behandlung auf, irrigirt blos täglich mit schwacher Permanganatlösung, bis das Epithel sich wieder regenerirt hat. Wenn nun noch keine Heilung erzielt ist, beginnt man dieselbe Behandlung von neuem, indem man mit besserem Resultat gepulvertes Alaun anwendet und den Tampon damit bestreut. Zu gleichem Zweck kann auch eine Mischung von Cupr. sulf. und Alaun, 10 : 100, oder Gelatine-Tampons mit Zinc sulf. oder Alaun dienen. .

In letzter Zeit wird dem Sublimat nach dem Vorgang von Schwarz der Vorzug gegeben. Die Vulva und Vagina werden zuerst gewaschen mit 1%/₀₀ Sublimatlösung, nachher vor der Applikation des Spekulums wird die Vagina mittelst in 1%/₀₀ Sublimatlösung getauchter Wattetampons ausgewischt und die Operation wird durch Applikation von Jodoformgaze beendet. Diese Prozedur wiederholt man nach 3 Tagen, und nach 3 weiteren Tagen hört man mit Tamponiren auf und lässt von der Patientin selbst Irrigationen mit 0,5%/₀₀ Sublimat vornehmen.

Auch Säuger verfährt in dieser Weise; nur beginnt er die Behandlung mit Anwendung eines Glycerin-Tannintampons. Nach einigen Tagen wird die Scheide sorgfältig mit einer 1—2%/₀₀ Sublimatlösung ausgewaschen und dann mit Glycerin-Jodoformwatte tamponirt. In hartnäckigen Fällen pinselt man mit Jodtinktur. Foreau bevorzugt Pinselungen mit Hydrargyr. bijodat. 1 : 4000 nach der Jodoform-Glycerintamponade, während Brennan nach gewohnter Desinfektion der Scheide eine 2 —4% ige Chlorzinklösung anwendet und darauf mit Watte und Gaze tamponirt, die in eine Mischung Glycerin und Borsäure zu gleichen Theilen getränkt ist.

Für die chronische Vulvitis, welche auch sehr hartnäckig ist, ist immer eine energische Lokalbehandlung angezeigt. Diese wird nach denselben Grundsätzen wie bei den andern blennorrhagischen Funktionen geregelt. Es werden gebraucht antiseptische Waschungen, adstringirende und kaustische Applikationen, und vor allem Betupfen mit 1% Argent. nitr. Lösung. Schwarz taucht Tampons in 1% Sublimat und wendet die Heilmethode von Labarraque an, also vorher Kalomelpulver und darauf Einpinselung mit 5% Kochsalzlösung.

Die Therapie der chronischen blennorrhagischen
Endometritis muss recht energisch und radikal sein, um das
Fortschreiten des Prozesses auf die Tuben zu verhindern. Sie
besteht in Einspritzungen und Irrigationen mit dem Uterinkatheter,
mit oder ohne vorherige Dilatation des Cervicalkanals mittels
Laminaria. Sänger empfiehlt die Irrigation mit Sublimat, welche
er oft verbindet mit 2% Chlorzinklösung, Creolin, Creosot und mit
abwechselnden Aetzungen von 10% Zink. Sinclair wendet Jodtinktur an bis zur Epithelabschuppung, während Schwarz die
Uterushöhle lange irrigirt mit einer Sublimatlösung 0,2 bis 0,5%oo
oder mit Karbolsäure von 1 bis 2%. Die Auskratzung der Uterus-
schleimhaut vor der Applikation von antiseptischen und adstringirenden Mitteln, welche so oft von Levy empfohlen wird,
findet von Sänger, Sinclair und vielen andern keine günstige
Bestätigung bei diesem spezifischen Prozess der Gebärmutter.

Auch Barrucco hat nicht wenig Erfahrungen in der Behandlung dieser Affektionen. Seitdem die Einführung des Anilins ihm
günstige Resultate in der Behandlung der männlichen Urethritis
gab, hat er dasselbe Mittel auch bei der Urethritis des Weibes
und bei der blennorrhagischen Endometritis angewendet. In der
Behandlung der Harnröhrenentzündung richtet er sich nach denselben Grundsätzen wie bei der Urethritis des Mannes. Er wendet
entsprechend der Form und dem Stadium bald Anilinwasser, bald
Anilinemulsion und manchmal reines Anilinöl bei den lange
Zeit chronischen und sehr hartnäckigen Formen an. Bei der
chronischen Endometritis wendet Barrucco Anilinemulsionen
an und benutzt zeitweise eine Aetzung mit reinem Anilin, nachdem vorher mit einer 1%oo Thymollösung das Uterusinnere
irrigirt ist.

Ein anderes von Barrucco ausgeübtes Verfahren bei
dieser Affektion ist die Anwendung adstringirender und resor-
birender Lanolinsalben, derselben, welche man bei chronischer
Harnröhrenentzündung gebraucht und die oben weitläufig beschrieben wurden. Barrucco verfolgt dabei den Grundsatz,
dass bei den chronischen blennorrhagischen Prozessen die Heilmittel verändert werden müssen und applizirt alle drei Tage
mittelst des Uterinkatheters und mit einer graduirten Spritze eine
genügende Menge von Salbe aus Arg. nitr., Creolin oder Cupr.
sulf. nach den schon erwähnten Rezepten, wobei er mit diesen

Substanzen abwechselt. Wenn die lange Dauer des Prozesses
und die schwierige Erweiterungsfähigkeit des Uterinkanals mit
einfachen Sonden von kleinem Kaliber Anlass geben, das Bestehen
von Infiltraten und submucösen Exsudaten anzunehmen, injizirt
Barrucco von Zeit zu Zeit Jodsalbe oder graue Salbe. Man
lässt immer diese Applikationen mit lauen Irrigationen von
1°/₀₀ Thymollösung vornehmen und einfach aseptische Tampons
folgen.

Die Behandlung der chronischen Entzündungen der
Uterusanhänge, also Perimetritis, mit oder ohne Para-
metritis, recidivirende Perimetritis, chronische Perimetritis, Salpingitis und Oophoritis gehören gänzlich in
das Gebiet des Gynäkologen.

Wir haben gesagt, dass ausser den blennorrhagischen Prozessen der männlichen Harnröhre sich auch einige andere Affek-
ionen der Genitalien zeigen können als nächste oder entfernte
Ursachen der sexuellen Neurasthenie. Diese Affektionen können
als congenitale vorhanden sein oder sich sehr spät erkenntlich
machen, ohne dass ihnen voraufgegangen sind oder sie begleitet
werden von einem spezifischen Prozess, also von einer besonderen
Erkrankung venerischer Natur. Eine Phimose, eine unverhältniss-
mässig lange Vorhaut oder beides zusammen, eine Harnröhrenstriktur traumatischen Ursprungs, eine enge Harnröhrenöffnung,
eine Varicocele können verschiedene lästige Symptome in allen
Haupt- oder Nachbarcentren durch Reflex hervorrufen, und ebensoviel direkte oder schwache oder entfernte indirekte Ursachen
der nervösen Erschöpfung sein. Deshalb fällt die Radikalbehandlung dieser Affektionen in das Feld der Lokalbehandlung
der sexuellen Neurasthenie.

Gewöhnlich rufen eine Phimose, ein übergrosses Präputium, eine enge Harnröhrenöffnung, eine Harnröhrenverengerung, eine Varicocele bei gut gebauten und kräftigen
Personen nicht oder sehr selten solche Reizerscheinungen hervor,
dass diese eine allgemeine oder lokale Behandlung der Nerven
veranlassen. Bei Personen von mittlerer nervöser Konstitution
zeigen sich in Folge dieser Anomalien der Sexualorgane leicht
lokale Reflexstörungen bis zur Spermatorrhoe und Impotenz, wenn
auch Jahre vergehen können, bevor solche Störungen deutlich
werden. Hochgradig nervöse Personen schliesslich werden durch

das Bestehen dieser pathologischen Zustände leicht von sexueller Neurasthenie betroffen.

Diese erwähnten Anomalien sind die häufigsten und gewöhnlichsten. Ausser ihnen giebt es noch viele andere kongenitale und erworbene Anomalien der Genitalien beim Manne und beim Weibe, welche sehr wohl bei einer bestimmten Entwicklungsperiode des Organismus und bei neuropathischen Personen Reizerscheinungen der verschiedenen Reflexcentren hervorrufen, Veränderungen in der Funktion verschiedener Organe bewirken, nervöse Erschöpfung hervorbringen und Ursache der sexuellen Neurasthenie sein können.

Unter den Bildungsfehlern seien erwähnt: Beim Manne: Hypospadie in ihren verschiedenen Formen und Komplikationen, von den einfachsten bis zu den komplizirtesten, Hypospadie der Glans, des Penis, des Scrotums bis zum wahren männlichen Hermaphroditismus mit kurzem und wie eine Clitoris gekrümmtem Penis und mit Hodenatrophie. Beim Weibe: Hypertrophie der Clitoris, geschlossenes Hymen, Atresie der Vulva, der Vagina, Fehlen der Vagina, Atresie des Gebärmutterhalses, Fehlen des Uterus etc. Unter den erworbenen Anomalien können sehr verschiedene sich als Folge von Verletzungen und Krankheiten zeigen. Es seien nur erwähnt Hodenatrophie, umfangreiche Skrotalhernien, Atrophie des Penis, Adhärenz zwischen den grossen und kleinen Schamlippen, Adhärenz der kleinen Schamlippen und der Scheidenwände, Blasenscheidenfisteln, Mastdarmscheidenfisteln, Elephanthiasis des Penis, des Scrotums, der grossen Schamlippen u. s. w.

Alle diese angeborenen und erworbenen Anomalien, welche sehr wohl bei Personen mit schwachen Nerven an den Funktionsänderungen der verschiedenen Organe, der nervösen Erschöpfung und einer wirklichen Neurasthenie sich betheiligen können, müssen speziell chirurgisch lokal behandelt werden.

Es sei nur noch ein Wort über die gewöhnlichsten Anomalieformen der Genitalien des Mannes und besonders über die Phimose und Varicocele gesagt.

Die angeborene oder erworbene Phimose ist sehr häufig unter den Anomalien der männlichen Genitalien. Häufiger als andere Anomalien findet sie sich in Beziehung zu nervösen Störungen der Genitalorgane selbst und aller Reflexcentren. In

300 Fällen von Nervenkrankheiten, beobachtet von verschiedenen Autoren, die sich mit diesem Gegenstand beschäftigt haben, wurden 60, also ⅕ der Fälle mit Phimosis in Folge langen und hypertrophischen Präputiums gefunden, mit oder ohne Balanitis. Und diese Anomalie wurde dann als Hauptursache des neurasthenischen Zustandes erkannt.

Deshalb muss eine Phimose bei einem neuropathischen Individuum immer operirt werden, da sie früher oder später leicht Veranlassung zur Entwicklung einer sexuellen Neurasthenie geben kann. Von den vielen beschriebenen Fällen der verschiedenen Autoren führt Barrucco nur 2 Beobachtungen von Beard an:

Ein junger Mann von 30 Jahren mit sehr starker angeborener Phimose, welche kaum einen dünnen Urinstrahl durchliess, litt an verschiedenen neurasthenischen Beschwerden. Nach vollführter Operation zeigte sich bald eine deutliche Besserung auch des allgemeinen Zustandes. Und nach geeigneter interner Behandlung folgte vollständige und dauernde Heilung. Ein anderer sehr wichtiger Fall ist folgender:

Junger Mann von 28 Jahren mit Phimosis und Hypertrophie der Vorhaut mit verschiedenen neurasthenischen Symptomen, unter welchen sich zeigten: Anfälle von geistiger Depression, Selbstmordneigung, Lumbalschmerz, Menschenscheu, Pulsbeschleunigung, Speichelfluss, übermässige Schweissabsonderung, ferner hochgradige Hyperästhesie der Harnröhre und Reizbarkeit der Prostata. Ferner zeigte er andere Besonderheiten, und zwar absolute Intoleranz gegen Nikotin, und derartige Menschenscheu, dass, wenn er in Gesellschaft zu gehen versuchte oder irgend wohin, wo viel geraucht wurde, er von starker Beklemmung befallen wurde und am ganzen Körper stark schwitzte. Die Abneigung gegen die Gesellschaft zeigte sich periodisch alle Abend. Er war ferner gequält von Polyurie, Reizzustand der Augen und unfreiwilligen Samenverlusten. Nachdem die Phimose operirt, und er einige Monate mit verschiedenen therapeutischen Prozeduren behandelt war, wurde er ganz gesund.

Ein Fall aus Barruccos Beobachtung betrifft einen jungen Mann mit Phimosis, bei welchem die neurasthenischen Symptome sehr schwer waren. Unter den sexuellen Störungen fiel die vorzeitige und häufige Ejaculation bei einfacher Berührung mit der Hand bei Fehlen von Erektion auf. Die Operation der Phimose

liess wie durch Zauber alle neurasthenischen Beschwerden verschwinden, und der Kranke konnte nach einem Monat den Coitus
mit vollständig befriedigendem Erfolg ausführen.

Von Lallemand wurde ferner die Operation der Phimose
häufig ausgeführt, um gewisse Affektionen des Nervensystems zu
bekämpfen, weil man den intimen Zusammenhang kannte, der
zwischen der Entwicklung der Nervenkrankheit und der Existenz
jener Anomalien der Genitalorgane besteht. Die Literatur über
diesen Gegenstand lehrt uns, dass die nervösen Affektionen, bei
welchen die Phimosenoperation am meisten angezeigt erscheint,
sind: gewisse Lähmungsformen bei Kindern, Epilepsie und sexuelle
Neurasthenie. Freilich in der grösseren Zahl der Fälle zeigt sich
nicht sofort nach der Operation ein bemerkenswerther Erfolg,
sondern erst langsam, nach Wochen und Monaten, weil zwar die
Unterdrückung der Ursache die Grundbedingung bei der Behandlung einer krankhaften Affektion ist, aber die anderen entfernten Organe, welche von dieser reflektorisch gestört werden,
eine gewisse Zeit brauchen, um ihre gestörten Funktionen wieder
ins Gleichgewicht zu bringen.

Hieraus folgt, dass die Operation der Phimose, obgleich
durchaus nöthig und unvermeidlich, nicht die einzige therapeutische
Maassnahme bei der Behandlung dieser Form der sexuellen Neurasthenie sein kann, sondern unterstützt sein muss von anderen
Heilmethoden, die wir in der allgemeinen Therapie aufgezählt haben.

Das günstige Resultat der chirurgischen Behandlung in einem
Fall von Phimose steht in geradem Verhältniss zu den Komplikationen, welche sie begleiten. Wenn also gleichzeitig mit
langem Präputium und mit Hypertrophie Balanitis und Hypersekretion von Smegma vorhanden ist, dann wird die Phimosenoperation auch von grösserem Erfolge begleitet sein. In manchen
Fällen ist die Anhäufung von Smegma so enorm, dass es ein
beträchtliches Volumen und eine deutliche Konsistenz besitzt.
Ferner versteht man, wie die Operation viel dringender ist wegen
der zahlreichen Reflexreize auch in solchen Fällen, wo das
Präputium noch elastisch genug ist, um die Glans entblössen zu
können.

Barrucco möchte nun einen Unterschied machen und würde
zur Operation nur die idiopathische Phimose zulassen, d. h.:
1. Wirkliche angeborene Phimose. 2. Erworbene Phimose, die aber

seit langer Zeit besteht, also chronische, nicht entzündliche Phimose, welche sehr deutliche allgemeine und Lokalbeschwerden hervorbringt. 3. Phimose, die mit anderen Affektionen des Präpuz, der Glans und der Harnröhre, mit gleichzeitiger Urethritis kompliziert ist, wenn sie auch früher, kongenital oder erworben, bestand und sich deshalb nicht akut entwickelte.

Aus Konsequenz würde Barrucco ausschliessen von der blutigen Operation — mit Ausnahmen — alle Fälle von symptomatischer Phimosis, also: 1. Phimosis, erworben seit nicht langer Zeit in Folge von lokalen Reizen wegen geringerReinlichkeit, Missbrauch bei Masturbation und beim Coitus, Balanitiden, Gonorrhoe, Ulcus molle und vorgeschrittenem Syphilom, Fälle, in welchen die Phimose vorher nicht bestand. 2. Akute Phimose entstanden während der Entwicklung von einer dieser Affektionen.

In solchen Fällen würde Barrucco die instrumentelle Dilatation wieder zu Ehren bringen, welche schon mit freilich einst primitiven Mitteln von Nelaton und Cruisé vorgeschlagen und angerathen war. Zu diesem Zweck hat Barrucco einen neuen graduirten Dilatator für die Vorhaut bei Phimose konstruirt. Er ist 1. leicht anwendbar in allen Fällen und kann immer als erster Reduktionsversuch auch in denjenigen Fällen versucht werden, in welchen die blutige Operation angezeigt ist; 2. ist er nützlich als direkte erweiternde Behandlung gegen die Phimose und auch zur Behandlung der Krankheiten, welche sie komplizieren oder welche deren Ursache sind; 3. ist er unvermeidlich zur Diagnose dieser Affektionen in häufigen, zweifelhaften und schwierigen Fällen; 4. zeigt er sich sehr zweckmässig bei Individuen, welche die Operation verweigern, besonders bei Neuropathen und Neurasthenikern, welche eben etwas Störung ruhig ertragen und keine Aenderung haben wollen; 5. misst er exakt den Grad der Dilatation, welche sich von 5 bis 35 mm Durchmesser erstreckt.

Diesen Gründen fügt Barrucco nichts weiter hinzu, da er den Gegenstand sehr bald in einer besondern Schrift abhandeln wird.

Hinsichtlich der Harnröhrenverengerungen und der Verengerung der Harnröhrenöffnung ist die bezügliche Behandlung schon in dem Abschnitt über die chronische Urethritis besprochen.

Die Varicocele verursacht nicht selten Lokalstörungen der
Genitalorgane und Impotenz. Sie wird operirt nach den neuesten
chirurgischen Methoden. Ueber diesen Gegenstand seien noch
einige Bemerkungen gemacht. Es ist wohl vor allem bei der
Diagnose der Varicocele besonders festzustellen, welches Venen-
bündel erweitert ist, das vorn gelegene gegenüber den vasa
spermatica oder das mittlere gegenüber dem canalis deferens oder
das hintere, welches von dem Schwauz des Nebenhodens ausgeht.
Ferner ob sie isolirt betroffen sind, zu zweien vereint oder alle
drei auf einmal. Horteloup hält das mittlere Bündel für das
am häufigsten befallene, Curling dagegen neuerdings das hintere
Bündel. Die grössere Häufigkeit der Varicocele auf der linken
Seite scheint ihre Erklärung in dem normalen anatomischen Verhalten zu finden, dass die linke Vena spermatica rechtwinklig in
die Vena renalis einmündet, während die rechte Vena spermatica
sich direkt in die Vena cava ergiesst.

Eine andere oft unerklärliche Thatsache sind die manchmal
heftigen Schmerzen, die bei der Varicocele vorhanden sind, und
ferner, dass die kleinen Varicocelen immer schmerzhafter sind
als die grossen. Nach Quenu würden die varicösen Venen die
Endfasern der sensiblen Nerven drücken.

Viele von diesen Kranken mit Varicocele leiden an schwerer
sexueller Neurasthenie und zeigen häufig Impotenz, ferner sehr
ausgeprägte psychische Reflexsymptome, und unter diesen krankhafte Furcht und Selbstmordneigung. Freilich diese sexuelle
Impotenz ist bei Neurasthenikern mit Varicocele nicht konstant.
Manchmal würde sie auch eintreffen trotz einer leichten Steigerung
der Erektionsfähigkeit, ein Zustand, der schon von Landouzy
gekennzeichnet ist, welcher erzählt, dass er unter den Kranken
einen gekannt habe, welcher bis 6 oder 7 sexuelle folgende
Rapporte haben konnte.

Was das Operiren betrifft, welches immer angezeigt sein
wird, wenn die auch kleine Varicocele lästige Schmerzen macht
oder allgemein nervöse Störungen verursacht, sodass sie deutlich
als Ursache der entstandenen sexuellen Neurasthenie erscheint,
wird man entweder die Venen oder das Scrotum allein und bald
auch beide zusammen behandeln müssen.

Wenn das Scrotum sehr gross ist, kann die Resektion eines
grösseren Theiles desselben allein vorgezogen werden, wodurch

es kleiner wird. Aber bei grossen Varicocelen mit stark herabhängendem Scrotum eignet sich viel besser die Resektion des Scrotums und der varicösen Venen mittelst der Horteloup'schen Klammer.

In den gewöhnlichen Fällen zieht Duplay es vor, die Venen allein zu operiren, was bei aseptischen Kautelen ungefährlich ist. Die Venen werden blossgelegt, und jede Gruppe in Ausdehnung von 3—4 cm isolirt; man legt 2 Ligaturen an und exstirpirt das Stück zwischen ihnen, muss aber vermeiden mit der Ligatur das Vas deferens und die Arteria spermatica zu komprimiren, deren Durchschneidung zur Hodenatrophie führen würde.

Aus grösserer Vorsicht könnte man die Methode von Rigault in Strassburg anwenden, die weniger elegant, aber sicherer ist. Die Venen werden bloss gelegt; erhoben; über einem Jodoformgazestreifchen isolirt und flach umwickelt. In 3 oder 4 Tagen veröden die Venen, während die Arteria spermatica widersteht und intakt bleibt.

Alle diese chirurgischen Operationen, in der Absicht, kongenitale oder erworbene Defekte der Genitalien zu beseitigen und zu verbessern, und pathologische Prozesse zu unterdrücken, welche die direkte oder indirekte, nächste und entfernte Ursache nervöser Störungen des ganzen Organismus sind, bilden thatsächlich die erste und wichtigste Indikation bei der Behandlung der sexuellen Neurasthenie. Aber wir dürfen nicht von ihnen allein das totale und schnelle Verschwinden der nervösen Erscheinungen, die prompte und vollkommene Heilung dieser hartnäckigen Krankheit erwarten.

Um die nervösen Störungen, welche seit langer Zeit bestehen, leicht und sicher bekämpfen und beseitigen zu können, ist eine gleichzeitige, allgemeine Behandlung nöthig mittelst medizinischer und chirurgischer Mittel, mittelst allgemeiner und lokaler Methoden, mittelst symptomatischer und kausaler Behandlungen. Diejenigen würden in ihren Hoffnungen getäuscht werden, welche von einer einfachen Phimosenoperation, von einer einfachen Circumcision ohne weiteres die prompte Heilung der sexuellen Neurasthenie erwarten würden, ohne zu erwägen, dass die Centren der Reflexthätigkeit schon seit langem in ihren Funktionen aus dem Gleichgewicht gebracht sind, schon krankhafte Gewohnheiten angenommen haben.

Zeit und therapeutische Hülfsmittel zusammen bewirken allein schliesslich, dass das verschobene Gleichgewicht sich wieder herstellt und die Natur die perversen Funktionen zu ihrer physiologischen Ordnung zurückruft.

In gleicher Weise würden in ihren Hoffnungen diejenigen getäuscht, welche ausschliesslich nach einer chirurgischen Operation beim einen oder andern Geschlecht das prompte und sichere Verschwinden vieler neurasthenischer Symptome zu sehen glauben, wie krankhafte Furcht, Menschenscheu. Monophobie, Furcht vor dem Reisen, Platzangst, Furcht vor Kranheiten u. s. w., ferner krankhafte Triebe, Selbstmordneigung, sexuelle Perversionen, sowie geistige Depression, Schlaflosigkeit, Kopfschmerz, Gedächtnissschwäche, Fehlen der Herrschaft des Geistes, und schliesslich Herzklopfen, Krämpfe, Parästhesien, Neuralgien, spinale Reizbarkeit, Spermatorrhoe, Impotenz u. s. w.

Die chirurgische Behandlung hat glänzende Resultate, wenn sie vereint ist mit Allgemeinbehandlung, mit besonderer Behandlung einzelner sehr wichtiger Symptome und mit hygienischen Maassnahmen, also mit allen therapeutischen Heilmitteln, die wir studirt haben und welche das verschobene Gleichgewicht des Nervensystems in den verschiedenen Theilen des Organismus wieder herzustellen suchen, indem sie die unterdrückten oder perversen Funktionen der verschiedenen Organe und Systeme zur physiologischen Funktion veranlassen.